学ぶ人は、
変えて
ゆく人だ。

目の前にある問題はもちろん、

人生の問いや、

社会の課題を自ら見つけ、

挑み続けるために、人は学ぶ。

「学び」で、

少しずつ世界は変えてゆける。

いつでも、どこでも、誰でも、

学ぶことができる世の中へ。

旺文社

JN047440

とってもやさしい

中2理科

これさえあれば
授業がわかる

改訂版

旺文社

は じ め に

　この本は，理科が苦手な人にも「とってもやさしく」理科の勉強ができるように作られています。

　中学校の理科を勉強していく中で，理科用語が覚えられない，図やグラフ，計算などがたくさんが出てきて難しい，と感じている人がいるかもしれません。そういう人たちが基礎から勉強をしてみようと思ったときに手助けとなる本です。

　『とってもやさしい理科　これさえあれば授業がわかる［改訂版］』では，本当に重要な用語や図にしぼり，それらをていねいにわかりやすく解説しています。また，1単元が2ページで，コンパクトで学習しやすいつくりになっています。

　左のまとめのページでは，図やイラストを豊富に用いて，必ずおさえておきたい重要なことがらだけにしぼって，やさしく解説しています。

　右の練習問題のページでは，学習したことが身についたかどうか，確認できる問題が掲載されています。わからないときはまとめのページを見ながら問題が解ける構成になっていますので，自分のペースで学習を進めることができます。

　この本を1冊終えたときに，みなさんが理科のことを1つでも多く「わかる！」と感じるようになり，「もっと知りたい！」と思ってもらえたらとてもうれしいです。みなさんのお役に立てることを願っています。

株式会社　旺文社

本書の特長と使い方

1単元は2ページ構成です。左のページで重要項目の解説を読んで理解したら，右のページの練習問題に取り組みましょう。

◆左ページ

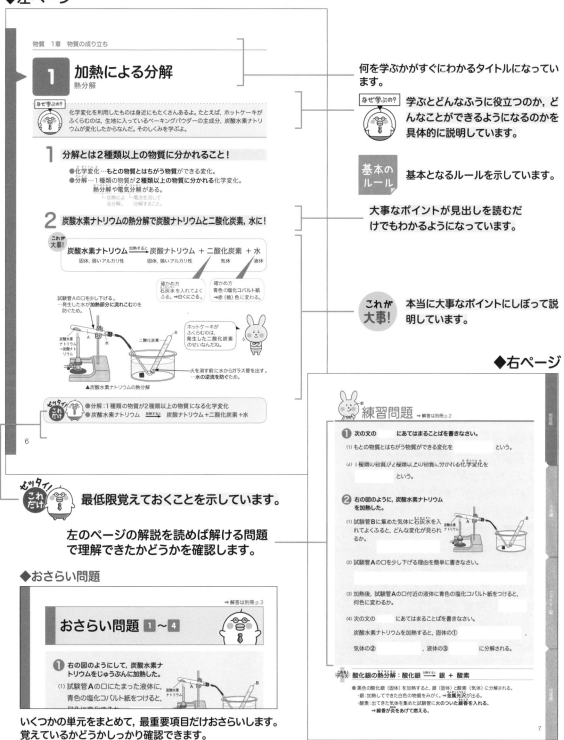

何を学ぶかがすぐにわかるタイトルになっています。

なぜ学ぶの？ 学ぶとどんなふうに役立つのか，どんなことができるようになるのかを具体的に説明しています。

基本のルール 基本となるルールを示しています。

大事なポイントが見出しを読むだけでもわかるようになっています。

これが大事！ 本当に大事なポイントにしぼって説明しています。

◆右ページ

ゼッタイ！これだけ 最低限覚えておくことを示しています。

左のページの解説を読めば解ける問題で理解できたかどうかを確認します。

◆おさらい問題

いくつかの単元をまとめて，最重要項目だけおさらいします。覚えているかどうかしっかり確認できます。

もくじ

Web上でのスケジュール表について

下記にアクセスすると1週間の予定が立てられて, ふり返りもできるスケジュール表（PDFファイル形式）を
ダウンロードすることができます。ぜひ活用してください。

https://www.obunsha.co.jp/service/toteyasa/

1 加熱による分解
熱分解

なぜ学ぶの？

化学変化を利用したものは身近にもたくさんあるよ。たとえば，ホットケーキがふくらむのは，生地に入っているベーキングパウダーの主成分，炭酸水素ナトリウムが変化したからなんだ。そのしくみを学ぶよ。

1 分解とは2種類以上の物質に分かれること！

● **化学変化**…もとの**物質**とはちがう**物質**ができる変化。
● **分解**…**1種類の物質**が**2種類以上の物質**に分かれる化学変化。
　　　熱分解や**電気分解**がある。
　　　└加熱による分解。　└電流を流して分解すること。

2 炭酸水素ナトリウムの熱分解で炭酸ナトリウムと二酸化炭素，水に！

これが大事！

炭酸水素ナトリウム ―加熱すると→ 炭酸ナトリウム ＋ 二酸化炭素 ＋ 水
固体，弱いアルカリ性　　　　　固体，強いアルカリ性　　　気体　　　液体

確かめ方
石灰水を入れてよくふる。➡白くにごる。

確かめ方
青色の塩化コバルト紙➡赤（桃）色に変わる。

試験管Aの口を少し下げる。
…発生した水が**加熱部分に流れこむ**のを防ぐため。

炭酸水素ナトリウム→炭酸ナトリウム

A　水

二酸化炭素　B

ホットケーキがふくらむのは，**発生した二酸化炭素**のせいなんだね。

火を消す前に水からガラス管を出す。…**水の逆流を防ぐ**ため。

▲炭酸水素ナトリウムの熱分解

ゼッタイ！これだけ
● **分解**：1種類の物質が2種類以上の物質になる化学変化
● 炭酸水素ナトリウム ―加熱すると→ 炭酸ナトリウム＋二酸化炭素＋水

練習問題 →解答は別冊 p.2

1 次の文の ___ にあてはまることばを書きなさい。

(1) もとの物質とはちがう物質ができる変化を ___ という。

(2) 1種類の物質が2種類以上の物質に分かれる化学変化(かがくへんか)を ___ という。

2 右の図のように，炭酸水素ナトリウム を加熱した。

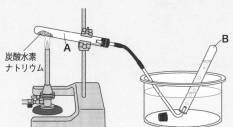

(1) 試験管Bに集めた気体に石灰水(せっかいすい)を入れてよくふると，どんな変化が見られるか。 ___

(2) 試験管Aの口を少し下げる理由を簡単に書きなさい。

___

(3) 加熱後，試験管Aの口付近の液体に青色の塩化コバルト紙をつけると，何色に変わるか。 ___

(4) 次の文の ___ にあてはまることばを書きなさい。

炭酸水素ナトリウムを加熱すると，固体の① ___ ，気体の② ___ ，液体の③ ___ に分解される。

これも！プラス 酸化銀の熱分解(ねつぶんかい)：酸化銀 —加熱すると→ 銀 ＋ 酸素

● 黒色の酸化銀（固体）を加熱すると，銀（固体）と酸素（気体）に分解される。
  ・銀：加熱してできた白色の物質をみがく。➡ **金属光沢(きんぞくこうたく)**が出る。
  ・酸素：出てきた気体を集めた試験管に**火のついた線香**を入れる。
    ➡ **線香が炎(ほのお)をあげて燃える。**

2 電流による分解
電気分解

なぜ学ぶの?

炭酸水素ナトリウムは加熱すると分解したけど，水は加熱しても水蒸気になるだけだね。水は熱ではなく，電流によって分解されるよ。水の分解の方法と，分解されるとどうなるかを学ぶよ。

1 水は電気分解で水素と酸素に分解できる!

●電気分解…物質に**電流を流して分解**すること。

これが大事!

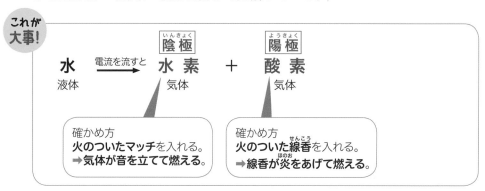

	電流を流すと	陰極		陽極
水	→	水　素	＋	酸　素
液体		気体		気体

確かめ方
火のついたマッチを入れる。
➡**気体が音を立てて燃える。**

確かめ方
火のついた線香を入れる。
➡**線香が炎をあげて燃える。**

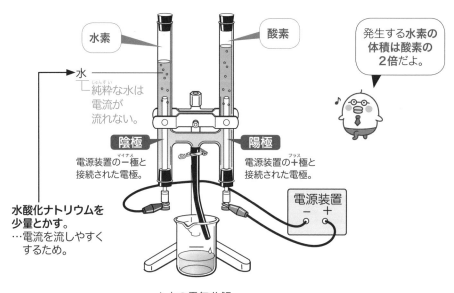

水素

酸素

発生する水素の体積は酸素の**2倍**だよ。

水
純粋な水は電流が流れない。

陰極
電源装置の−極と接続された電極。

陽極
電源装置の＋極と接続された電極。

電源装置
−　＋

水酸化ナトリウムを少量とかす。
…電流を流しやすくするため。

▲水の電気分解

ゼッタイ! これだけ

●**電気分解：電流を流して物質を分解**
●**水** 電流を流すと **水素（陰極）＋酸素（陽極）**

練習問題 →解答は別冊 p.2

❶ 次の文の [　　] にあてはまることばを書きなさい。

(1) 物質に電流を流して分解することを [　　　　　] という。

(2) 水を電気分解すると，陰極から① [　　　　　]，陽極から

② [　　　　　] が発生する。

❷ 右の図のような装置で，水を電気分解した。

(1) 次の文は，水に少量の水酸化ナトリウムを
とかす理由を説明したものである。
[　　　] にあてはまることばを書きなさい。

純粋な水には [　　　　] が流れな
いから。

(2) 電極A，Bは陽極・陰極のどちらか。

電極A [　　　]　　　　電極B [　　　]

(3) 火のついた線香を入れると，線香が炎を
あげて燃えるのは，電極A・Bのどちら
側に集まった気体か。記号で答えなさい。

[　　　]

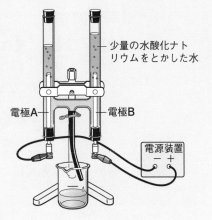

少量の水酸化ナト
リウムをとかした水

電極A　　電極B

電源装置

のどがかわいたから
お茶にしよう！

これも！プラス 塩化銅水溶液の電気分解：塩化銅 $\xrightarrow{\text{電流を流すと}}$ 銅 ＋ 塩素

●塩化銅水溶液に電流を流すと銅（陰極，固体），
塩素（陽極，気体）に分解する。

・陽極：塩素…陽極付近の液をとって**赤インクを
入れると色が消える**。

・陰極：銅…電極に付着した**赤色の物質**をこする
と**金属光沢**が見られる。

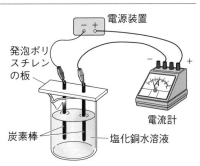

電源装置

発泡ポリ
スチレン
の板

電流計

炭素棒　　塩化銅水溶液

3 物質をつくっているもの
原子と元素記号

なぜ学ぶの？

水は電気分解されると，気体の水素と酸素になったね。気体の水素や酸素はさらに小さな粒子が結びついてできているんだ。この粒子をイメージできるようになると，物質への理解がぐっと深まるよ。

1 物質は原子でできている！

●原子…物質を構成する最小の粒子。

これが大事！ **原子の性質**

❶化学変化で，それ以上分けることができない。

❷化学変化で，新しくできたり，ほかの原子になったり，なくなったりしない。

銀原子　銀原子　　銅原子　銀原子

❸原子の**種類**によって，**質量や大きさが決まっている**。

銅原子
銀原子

2 原子はアルファベットを使って表す！

●**元素記号**…**原子の種類**を表す，アルファベット1文字か2文字の記号。

これが大事！ **おもな元素記号**

水素	H	酸素	O	ナトリウム	Na	鉄	Fe
炭素	C	硫黄	S	マグネシウム	Mg	銅	Cu
窒素	N	塩素	Cl	アルミニウム	Al	銀	Ag

ゼッタイ！これだけ

●**原子**：物質を構成する最小の粒子で，それ以上分けたり，化学変化によって新しくできたり，なくなったりしない

●**元素記号**：H（水素），O（酸素）など原子の種類を表した記号

練習問題 →解答は別冊 p.2

❶ 次の文の　　　にあてはまることばを書きなさい。

(1) 物質を構成する最小の粒子を　　　　　　　　という。

(2) 原子は，化学変化でそれ以上分けることが　　　　　　　。

(3) 原子は，化学変化で新しくできたり，ほかの原子になったり，なくなったり

　　　　　　　。

(4) 原子の　　　　　　　　によって，質量や大きさが決まっている。

(5) 原子の種類を表す，アルファベット1文字または2文字からなる記号を

　　　　　　　という。

❷ 原子の種類は，元素記号を使って表される。

(1) 次の原子の元素記号をそれぞれ答えなさい。

① 水素　　　　　　　② 酸素　　　　　　　③ 炭素

④ 窒素　　　　　　　⑤ 銀　　　　　　　　⑥ 銅

⑦ アルミニウム　　　　　　　　　　　⑧ ナトリウム

(2) 次の元素記号が表す原子の名前をそれぞれ答えなさい。

① S　　　　　　　　　　　② H

③ Cl　　　　　　　　　　　④ Fe

⑤ Mg

アルファベット
ばっかりで
目が回る～

4 原子が結びついてできる粒子

分子と化学式

なぜ学ぶの？ 実は，酸素原子や水素原子は，気体の酸素や水素のように，ものを燃やしたり，自身が燃えたりする性質を示すわけではないんだ。物質と原子の関係に注目しよう。

1 物質の性質のもとになる最小の粒子は分子！

●分子…原子が結びついてできる粒子。**物質の性質のもとになる最小の粒子**である。金属のように，分子をつくらない物質もある。

これが大事！

水素分子	酸素分子	水分子	二酸化炭素分子
水素原子2個が結びつく。	酸素原子2個が結びつく。	水素原子2個と酸素原子1個が結びつく。	酸素原子2個と炭素原子1個が結びつく。

2 物質は元素記号と数字を使って表す！

●化学式…物質の成り立ちを**元素記号と数字**を使って表したもの。

・分子をつくる物質：構成する原子の**元素記号**と原子の**数**で表す。

・分子をつくらない物質：構成する原子の**元素記号**と**数の比**で表す。

 水分子…水素原子**2個**と酸素原子**1個**が結びついたもの。

元素記号H　元素記号O

これが大事！ おもな化学式

化学式の意味

H_2O　1個の場合は省略

酸素原子が1個

水素原子が2個

O_2 酸素	NH_3 アンモニア	Ag_2O 酸化銀
H_2 水素	Cl_2 塩素	$CuCl_2$ 塩化銅
CO_2 二酸化炭素	H_2O 水	$NaHCO_3$ 炭酸水素ナトリウム

分子をつくる物質　　分子をつくらない物質

ゼッタイ！これだけ

●分子：物質の性質のもとになる最小の粒子

●化学式：物質の成り立ちを**元素記号**と**数字**を使って表したもの

➡解答は別冊 p.2

❶ 次の文の ____ にあてはまることばを書きなさい。

(1) 原子が結びついた粒子を ____ という。

(2) 物質の性質のもとになる最小の粒子は ____ である。

(3) 金属は，分子をつく ____ 。

(4) 物質の成り立ちを元素記号と数字を使って表したものを ____ という。

❷ 物質の成り立ちは化学式で表される。

(1) 次の物質の化学式をそれぞれ答えなさい。

① 酸素 ____   ② 鉄 ____   ③ 水 ____

④ 水素 ____   ⑤ 銀 ____   ⑥ アンモニア ____

⑦ 酸化銀 ____   ⑧ 塩化ナトリウム ____

⑨ 塩化銅 ____   ⑩ 炭酸水素ナトリウム ____

(2) 次の化学式で表される物質の名前を答えなさい。

① N_2 ____   ② CO_2 ____

③ Cl_2 ____

④ $CuCl_2$ ____

おやつ
食べちゃおう
かなぁ…

おさらい問題 1 ～ 4

1 右の図のようにして，炭酸水素ナトリウムをじゅうぶんに加熱した。

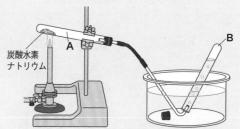

炭酸水素ナトリウム

(1) 試験管**A**の口にたまった液体に，青色の塩化コバルト紙をつけると，何色に変化するか。

(2) (1)から，試験管**A**の口にたまった液体は何か。名前を答えなさい。

(3) (2)の液体の化学式(かがくしき)を書きなさい。

(4) 試験管**B**に集めた気体に石灰水(せっかいすい)を加えてよくふったら，どのような変化が見られるか。

(5) (4)から，試験管**B**に集めた気体は何か。名前を答えなさい。

(6) (5)の気体の化学式を書きなさい。

(7) 試験管**A**に残った固体は何か。名前を答えなさい。

(8) この実験のように，1種類の物質が2種類以上の物質に分かれる化学変化(かがくへんか)を何というか。

② 右の図のような装置を使って, 水の
電気分解を行った。

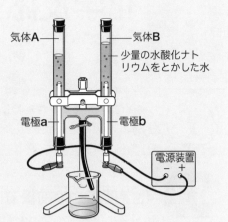

気体A — 気体B
少量の水酸化ナトリウムをとかした水
電極a — 電極b
電源装置 − +

(1) 陽極は, 電極**a**, **b**
のどちらか。

(2) 発生した気体**A**, **B**は何か。それ
ぞれ化学式で書きなさい。

A [　　　] **B** [　　　]

(3) 気体**A**, **B**を確認する方法を, 次の**ア〜エ**から1つずつ選び, 記号
で答えなさい。

A [　　　] **B** [　　　]

ア マッチの火を近づける。　　**イ** 石灰水を通す。
ウ 火のついた線香を入れる。　**エ** においをかぐ。

③ 下の図で, ○は水素原子, ◎は酸素原子, ●は炭素原子を表している。

A ○○ **B** ◎◎ **C** **D** ◎●◎

(1) **A〜D**が表す分子を, それぞれ化学式で表しなさい。

A [　　] **B** [　　] **C** [　　] **D** [　　]

(2) **A〜D**が表す分子の名前を, それぞれ答えなさい。

A [　　　　] **B** [　　　　]

C [　　　　] **D** [　　　　]

(3) 物質の性質を示す最小の粒子は, 原子・分子のどちらか。

[　　　]

5 化学反応式のつくり方
化学反応式

なぜ学ぶの?

物質は化学式で表せたね[p.12]。この化学式を使って，いろいろな化学変化を表すことができるんだよ。

基本のルール | **化学反応式の前後で，原子の種類と数は同じ！**

- 分子の化学式の前の大きな数字は分子の数を表す。
- $2H_2O$では，水素原子（H）は$2 \times 2 = 4$個，酸素原子（O）は$2 \times 1 = 2$個存在する。
- 化学反応式の左（化学変化の前）と右（化学変化のあと）でふくまれる原子の種類と数は等しい。

$$2\underset{\text{分子の数}}{H_2}\overset{\text{原子の数}}{O}$$

分子

- **化学反応式**…化学変化を化学式で表したもの。
  化学変化前の物質→化学変化後の物質 のように表す。

❶文字の式をつくる	例 水の電気分解 水 ⟶ 水素 ＋ 酸素
❷物質を化学式にする	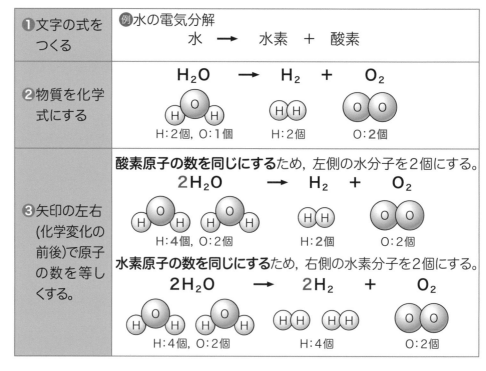
❸矢印の左右（化学変化の前後）で原子の数を等しくする。	

（下記、表③の内容）

❷物質を化学式にする：

$H_2O \longrightarrow H_2 + O_2$

H：2個, O：1個　　H：2個　　O：2個

❸酸素原子の数を同じにするため，左側の水分子を2個にする。

$2H_2O \longrightarrow H_2 + O_2$

H：4個, O：2個　　H：2個　　O：2個

水素原子の数を同じにするため，右側の水素分子を2個にする。

$2H_2O \longrightarrow 2H_2 + O_2$

H：4個, O：2個　　H：4個　　O：2個

ゼッタイ！これだけ
- 化学反応式：化学変化前の物質 ⟶ 化学変化後の物質
  矢印の左右で原子の種類と数は等しい

練習問題 ➡解答は別冊 p.3

❶ 次の文の　　　　にあてはまることばを書きなさい。

(1) 化学変化(かがくへんか)を化学式(かがくしき)で表したものを　　　　　　　　　という。

(2) 化学反応式(かがくはんのうしき)は, ①　　　　　　　　の物質 ➡ ②　　　　　　　　の物質のように表す。

(3) 化学反応式の矢印の左右で, 原子の種類と数は　　　　　　　なる。

❷ 次の手順にしたがって水の電気分解(でんきぶんかい)を化学反応式で表す。

(1) 文字の式をつくる　水 ➡ ①　　　　　　　 + ②　　　　　　

(2) 物質名を化学式にすると, ①　　　　　　　　　　。左辺は酸素原子が② 　　　　　　個, 右辺は③　　　　　　個。

(3) 矢印の左右で原子の数を等しくする。まず, 酸素原子の数を同じにするため,

左辺のH_2Oを①　　　　　　　とすると, 左辺は水素原子が

②　　　　　　個であるが, 右辺は③　　　　　　個。そこで,

右辺のH_2を④　　　　　　とする。

(4) 水の電気分解を化学反応式で表しなさい。

気合で覚える！

6 物質どうしが結びつく化学変化
物質が結びつく化学変化

なぜ学ぶの？

今までいろいろな物質の分解を見てきたね。化学変化には，物質が分かれる分解とは逆の，物質が結びつく化学変化もあるよ。金属がさびるのはその代表例だ。

1 鉄と硫黄が結びつくと硫化鉄という別の物質になる！

これが大事！

鉄 ＋ 硫黄 ──加熱すると──➡ 硫化鉄

磁石を近づける。
➡引きつけられる。
うすい塩酸を加える。
➡水素が発生。
└においがない気体。

磁石を近づける。
➡引きつけられない。
うすい塩酸を加える。
➡硫化水素が発生。
└たまごがくさったようなにおいのある気体。

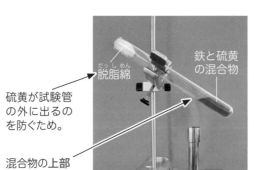

脱脂綿

鉄と硫黄の混合物

硫黄が試験管の外に出るのを防ぐため。

混合物の上部を熱する。

▲鉄と硫黄の混合物の加熱

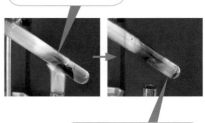

色が赤く変わりはじめたら，加熱をやめる。

火を消しても反応が続く。

2 物質が酸化されると酸化物ができる！

これが大事！

酸化…酸素と結びつく化学変化。酸化によってできた物質を酸化物という。
燃焼…熱や光を出しながら激しく酸化すること。

さびは，時間をかけて酸素と結びつくおだやかな酸化だよ。

ゼッタイ！これだけ

●鉄＋硫黄 ──➡ 硫化鉄
●酸化：酸素と結びつく化学変化。できたものは酸化物。熱や光を出す激しい酸化をとくに燃焼という

練習問題 →解答は別冊 p.3

❶ 次の文の　　　　にあてはまることばを書きなさい。

(1) 鉄と硫黄（いおう）の混合物は, 磁石に引きつけ　　　　　　　　。

(2) 鉄と硫黄の混合物を加熱してできた物質を①　　　　　　　　といい,

磁石に引きつけ②　　　　　　　。

(3) 鉄と硫黄の混合物にうすい塩酸を加えると, においの　　　　　　気体が発生する。

(4) 鉄と硫黄の混合物を加熱してできた物質にうすい塩酸を加えると, におい

の　　　　　　　気体が発生する。

(5) 物質が酸素と結びつく化学変化（かがくへんか）を　　　　　　　という。

(6) 酸化（さんか）によってできた物質を　　　　　　　という。

(7) 物質が熱や光を出しながら激しく酸化されることを　　　　　　　という。

❷ 右の図のように, 鉄粉と硫黄の混合物を試験管A, Bに入れ, Aはそのまま, Bは加熱した。

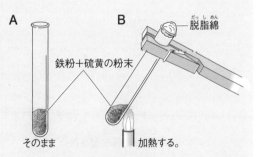

A　　　　　B　　　脱脂綿（だっしめん）

鉄粉＋硫黄の粉末

そのまま　　　加熱する。

(1) 磁石を近づけると, 引きつけられるのは試験管A, Bのどちらか。

　　　　　　

(2) 試験管A, Bにうすい塩酸を加えたときに発生する気体は, それぞれ何か。

A　　　　　　　　B

窓を開けて, 深呼吸しよう！

7 酸化物から酸素をとる化学変化

還元

なぜ学ぶの？

銅や鉄など身近にある金属は，化学変化によって酸化銅や酸化鉄などの酸化物からとり出しているんだ。酸化物から金属をとり出すしくみを学ぶよ。

1 酸化物から酸素をとり除くのが還元！

●還元…酸化物から**酸素をとり除く**変化。➡ 還元と**酸化は同時に起こる**。

これが
大事！

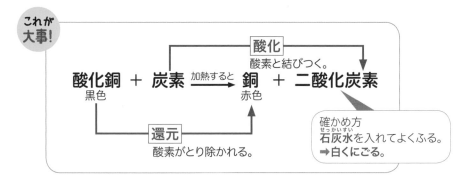

火を消したら，**ゴム管をピンチコックでとめる。**
➡還元された銅が再び酸化されないようにするため。

酸化銅と炭素の混合物（混ぜておく）

加熱すると
銅になる。

ピンチコック

火を消す前にガラス管を
石灰水から出す。
➡石灰水の**逆流を防ぐ**ため。

石灰水

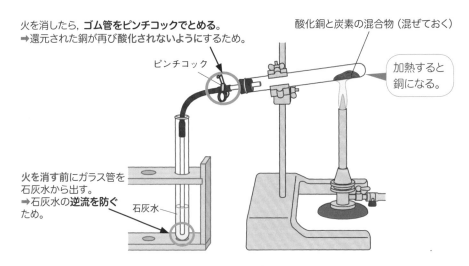

▲酸化銅の炭素による還元

ゼッタイ！
これ
だけ

●還元：酸素をとり除く化学変化

●還元と酸化は同時に起こる

練習問題 →解答は別冊 p.4

① 次の文の □□□ にあてはまることばを書きなさい。

(1) 酸化物から酸素をとり除く化学変化を □□□ という。

(2) 還元と酸化は □□□ に起こる。

(3) 炭素を使った酸化銅の還元では, ① □□□ (固体) と

② □□□ (気体) が発生する。

② 右の図のように, 酸化銅と炭素の粉末をよく混ぜ, 試験管に入れて加熱した。

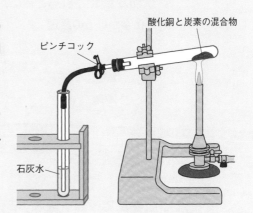

酸化銅と炭素の混合物
ピンチコック
石灰水

(1) 加熱する前と加熱後で, 試験管内の物質の色にどのような変化が見られるか。 □□□

(2) 加熱後, 酸化銅は何という物質に変化したか。 □□□

(3) (2) のような化学変化を何というか。 □□□

(4) 加熱後, 炭素は何という物質に変化したか。 □□□

(5) 火を消す前に, ガラス管を石灰水から出す理由を簡単に書きなさい。 □□□

ゲームなら負けない!

8 化学変化と熱の出入り

発熱反応と吸熱反応

なぜ学ぶの？

寒いときに，化学かいろ（使い捨てかいろ）を使ったことがあるかな。
化学かいろは鉄の酸化を利用したものなんだ。そのしくみに目を向けて，身のまわりで理科が役立っていることを実感しよう。

1 化学変化によってまわりの温度が変わる！

 ●**発熱反応**…熱が発生する化学変化。**まわりの温度**が上がる反応。

例 鉄の酸化

鉄粉が酸化されるときに，熱が発生し，まわりの温度が上がる。

➡**化学かいろの原理**

鉄粉　食塩水　温度が上がる。　活性炭

活性炭と食塩水は化学変化を起こりやすくするために入れるんだ。

酸化されて酸化鉄になる。

 ●**吸熱反応**…熱を吸収する化学変化。**周囲の熱をうばい**，
まわりの温度が下がる。
└反応に熱が必要だから。

例 アンモニアの発生

塩化アンモニウムと水酸化バリウムを混ぜると**アンモニア**が発生し，
まわりから**熱をうばい**，まわりの温度が**下がる**。

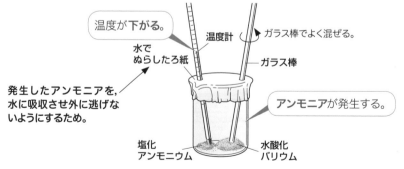

温度が下がる。　温度計　ガラス棒でよく混ぜる。
水でぬらしたろ紙　ガラス棒
発生したアンモニアを，水に吸収させ外に逃げないようにするため。　アンモニアが発生する。
塩化アンモニウム　水酸化バリウム

ぜッタイ！これだけ
●**発熱反応**：熱が発生する化学変化→まわりの温度が**上がる**
●**吸熱反応**：まわりの熱をうばう化学変化→まわりの温度が**下がる**

練習問題 →解答は別冊 p.4

❶ 次の文の　　　　　にあてはまることばを書きなさい。

(1) 化学変化で，まわりの温度が上がる反応を　　　　　　　反応という。

(2) 化学変化で，まわりの温度が下がる反応を　　　　　　　反応という。

(3) 鉄と活性炭の混合物に食塩水を加えると，鉄が

酸化されて①　　　　　　　ができる。この化

学変化は②　　　　　　反応である。

(4) 塩化アンモニウムと水酸化バリウムを混ぜると，アンモニアが発生し，まわ

りの①　　　　　　をうばう。この化学変化は②　　　　　　反応

である。

❷ 化学かいろのしくみを調べるため，
右の図のような実験を行った。

鉄粉　　液体A　　固体B

(1) 液体Aと固体Bはそれぞれ何か。

A　　　　　　　　　　B

(2) このとき，鉄粉と結びつく物質の名前を書きなさい。

(3) このように，熱が発生する化学変化を何とい
うか。

ついつい
おやつを食べ
ちゃうんだ…

9 化学変化の前後での物質の質量
質量保存の法則

なぜ学ぶの？

化学反応式を書くとき，化学変化の前後で，原子の種類と数をそろえたね。このとき，物質全体の質量も化学変化の前後で変わらないよ。この考え方は化学を学ぶうえでの基本になるんだ。

1 化学変化の前後で，全体の質量は変わらない！

これが大事！

●**質量保存の法則**…化学変化の前後で，関係している**物質全体の質量は変化しない**という法則。

> 化学変化の前後で，原子の組み合わせは変わるが，原子の種類と数は変わらないから。

例 **硫酸と水酸化バリウム水溶液の反応**

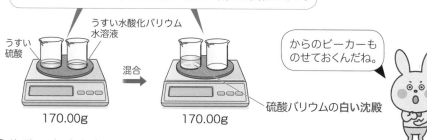

沈殿のできる反応では，化学変化の前後で**質量は変化しない**。

うすい硫酸
うすい水酸化バリウム水溶液

混合

からのビーカーものせておくんだね。

硫酸バリウムの白い沈殿

170.00g　　170.00g

例 **塩酸と炭酸水素ナトリウムの反応**

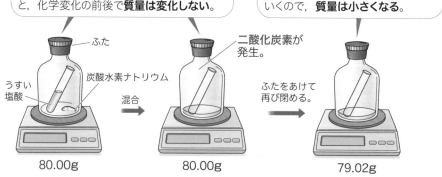

気体が発生する反応では，密閉されていると，化学変化の前後で**質量は変化しない**。

ふたをあけると発生した気体が出ていくので，**質量は小さくなる**。

ふた
うすい塩酸
炭酸水素ナトリウム

混合

二酸化炭素が発生。

ふたをあけて再び閉める。

80.00g　　80.00g　　79.02g

ゼッタイ！これだけ

●**質量保存の法則**：化学変化の前後で**全体の質量は変わらない**

…化学変化の前後で，原子の組み合わせは変わるが，原子の種類と数が変わらないため

練習問題 →解答は別冊 p.4

① 次の文の ___ にあてはまることばを書きなさい。

(1) 化学変化の前後で，その化学変化に関係する物質全体の質量は

① ___ 。これを，② ___ の法則という。

(2) 化学変化の前後で，原子の組み合わせは① ___ が，原子の

種類と数は② ___ 。

② 炭酸水素ナトリウムとうすい塩酸を混ぜ合わせ，化学変化の前後で全体の質量を調べた。

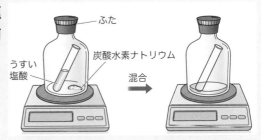

(1) このとき，発生する気体は何か。

___

(2) 炭酸水素ナトリウムとうすい塩酸を混ぜ合わせる前後で，容器全体の質量はどうなるか。次の**ア～ウ**から１つ選び，記号で答えなさい。

___

ア 混ぜ合わせる前のほうの質量が大きい。
イ 混ぜ合わせたあとのほうの質量が小さい。
ウ 混ぜ合わせる前とあとの質量は等しい。

(3) 混ぜ合わせたあと，容器のふたをあけると，全体の質量はどうなるか。次の**ア～ウ**から１つ選び，記号で答えなさい。

___

ア ふたをあける前のほうの質量が大きい。
イ ふたをあけたあとのほうの質量が大きい。
ウ ふたをあける前とあとの質量は等しい。

昨日までのオレとちがうぜ。

10 物質が結びつくときの質量の割合
結びつく物質の質量の比

なぜ学ぶの？

銅を熱すると酸素と結びついて酸化銅ができるよ。質量保存の法則が成り立つから，結びついた酸素の分だけ質量が大きくなるんだ。このとき，銅の質量と結びつく酸素の質量の間には決まりがあるよ。

1 化学変化に関係する物質の質量の比は決まっている！

これが大事！

●化学変化に関係する物質の**質量の比**は，**つねに一定**になる。

例 銅の質量と結びつく酸素の質量の比は**4：1**

銅と結びつく酸素の質量の関係を調べる実験

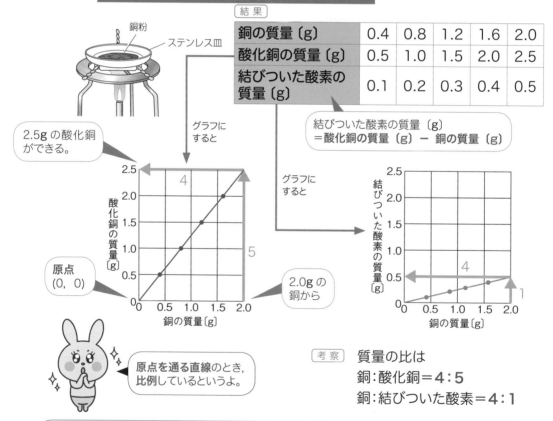

銅粉
ステンレス皿

結 果

銅の質量〔g〕	0.4	0.8	1.2	1.6	2.0
酸化銅の質量〔g〕	0.5	1.0	1.5	2.0	2.5
結びついた酸素の質量〔g〕	0.1	0.2	0.3	0.4	0.5

結びついた酸素の質量〔g〕
＝酸化銅の質量〔g〕－ 銅の質量〔g〕

2.5g の酸化銅ができる。

グラフにすると

原点(0，0)

2.0g の銅から

グラフにすると

原点を通る直線のとき，比例しているというよ。

考察　質量の比は
銅：酸化銅＝4：5
銅：結びついた酸素＝4：1

ゼッタイ！これだけ　●化学変化に関係する物質の質量の比→一定

練習問題 →解答は別冊 p.4

❶ 次の文の　　　　にあてはまることばを書きなさい。

(1) 金属と結びついた酸素の質量

＝金属の①　　　　　　　の質量－②　　　　　　　　の質量

(2) 銅を空気中で加熱したとき，加熱前の質量と加熱後の質量は

　　　　　　　している。

❷ 右の図は，銅を空気中で加熱したときの結果である。

(1) 2.0gの銅が完全に酸化されると，何gの酸化銅になるか。

(2) (1)のとき，結びついた酸素の質量は何gか。

(3) 銅と結びついた酸素の質量の割合を，もっとも簡単な整数の比で求めなさい。

　　　銅：結びついた酸素＝　　　　　

理科なのに数学みたいだ…

これも！プラス　マグネシウム：結びついた酸素＝３：２

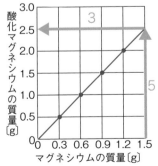

マグネシウム：酸化マグネシウム
＝３：５

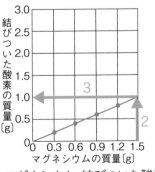

マグネシウム：結びついた酸素
＝３：２

→解答は別冊 p.4

おさらい問題 5 ～ 10

1 右の図のように，鉄粉と硫黄の混合物を試験管A，Bに入れ，Aはそのまま，Bは加熱した。

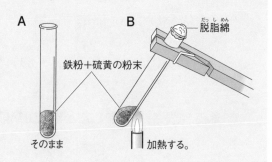

(1) 試験管**B**を加熱するとき，赤くなりはじめたら加熱をやめる理由として適切なものを，次の**ア～ウ**から1つ選び，記号で答えなさい。

ア 反応によって発生した熱によって反応が進むから。
イ 加熱を続けると，有毒な気体が発生するから。
ウ 加熱を続けると，生じた物質がさらに別の物質に変わるから。

(2) 磁石に引きつけられるのは，**A・B**どちらの試験管か。

(3) うすい塩酸を加えたとき，たまごのくさったようなにおいのある気体が発生したのは，**A・B**どちらの試験管か。

2 次の化学変化を化学反応式で表しなさい。

(1) 酸化銀（Ag_2O）を加熱すると，銀（Ag）と酸素（O_2）に分解される。

(2) 酸化銅（CuO）と炭素（C）の混合物を加熱すると，酸化銅は還元されて銅（Cu）になり，炭素は酸化されて二酸化炭素（CO_2）になる。

❸ 右の図のように，酸化銅と炭素の
混合物を試験管に入れて加熱した。

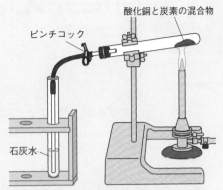

ピンチコック

酸化銅と炭素の混合物

石灰水

(1) 石灰水にはどのような変化が見
　　られるか。

(2) 加熱後，ゴム管をピンチコックで止める理由を簡単に書きなさい。

(3) この実験で，酸化された物質，還元された物質はそれぞれ何か。

　　　　　　酸化された物質　　　　　　　還元された物質

❹ 図1のように，銅粉をステンレス皿にのせ
て加熱し，じゅうぶんに冷えたあと質量を
はかった。銅粉の質量を変えて実験を行う
と，図2のようになった。

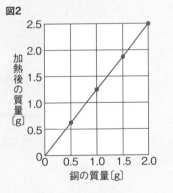

図1

銅粉

ステンレス皿

(1) 銅粉をじゅうぶんに加熱したとき，どの
　　ような色の変化が見られるか。

(2) 空気中で銅を加熱したとき，生じる物質
　　は何か。名前を答えなさい。

(3) 次の質量の比をそれぞれ求めなさい。

　　① 銅：加熱後の物質

　　② 銅：結びついた酸素

図2

加熱後の質量〔g〕

2.5
2.0
1.5
1.0
0.5
0

0　0.5　1.0　1.5　2.0
銅の質量〔g〕

11 目に見えないものを見よう

顕微鏡の使い方

顕微鏡を使うと，植物の内部にある目に見えないような小さいつくりまで見ることができるよ。使い方と倍率の求め方をしっかり身につけて，いろいろなものの観察ができるようになろう。

1 対物レンズとプレパラートを離してピントを合わせる！

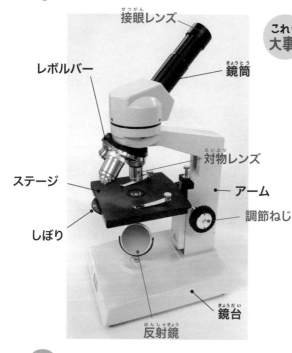

接眼レンズ
レボルバー
鏡筒
対物レンズ
ステージ
アーム
調節ねじ
しぼり
鏡台
反射鏡

これが大事！

顕微鏡の使い方

❶接眼レンズ，対物レンズの順にレンズをとりつける。
❷反射鏡としぼりを調節して，**視野全体を明るく**する。
❸対物レンズとプレパラートをできるだけ近づける。
❹対物レンズとプレパラートを**離しながらピントを合わせる**。
❺くわしく観察するときは，**レボルバーを回して対物レンズを高倍率**にする。

はずすときは，対物レンズ→接眼レンズの順だよ。

2 接眼レンズと対物レンズの倍率から拡大倍率を求める！

これが大事！

拡大倍率＝接眼レンズの倍率×対物レンズの倍率

例 接眼レンズ（10倍），対物レンズ（4倍）のときの拡大倍率は，
10倍×4倍＝40倍

ゼッタイ！これだけ

●対物レンズとプレパラートを**できるだけ近づける**
→**対物レンズとプレパラートを離しながら**，ピントを合わせる
●**拡大倍率＝接眼レンズの倍率×対物レンズの倍率**

練習問題 →解答は別冊 p.5

→解答は別冊 p.5

❶ 顕微鏡観察の手順を説明した次の文の 　　 にあてはまることばを書きなさい。

(1) ① 　　　　　　 レンズ, ② 　　　　　　 レンズの順にとりつける。

(2) 　　　　　　 としぼりを調節して視野全体を明るくする。

(3) 対物レンズとプレパラートをできるだけ 　　　　　　 。

(4) 調節ねじを回して, 対物レンズとプレパラートを 　　　　　　 ながらピントを合わせる。

(5) もっとくわしく観察するときは, ① 　　　　　　 を回して

② 　　　　　　 レンズを高倍率にする。

❷ 右の図は, 接眼レンズと対物レンズを表している。

A (40倍) 　 B (10倍)

(1) 対物レンズは, A, Bのどちらか。 　　　　

(2) A, Bのレンズを使って顕微鏡で観察をしたとき, 拡大倍率は何倍か。

ちょっとだけ
休けい…。
ちょっとだけね。

これも! プラス プレパラートのつくり方

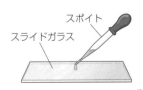

スポイト
スライドガラス

スライドガラスの上に水を1滴落とし, 観察物を置く。

ピンセット
カバーガラス

空気の泡が入らないように注意して, 静かにカバーガラスを下ろす。

12 細胞のつくり

植物細胞と動物細胞

なぜ学ぶの?

植物の葉を顕微鏡で観察すると，たくさんの小さな部屋のようなものが集まってできていることがわかるよ。これは細胞といって，ヒトをふくめて，すべての生物は細胞からできているんだ。細胞はからだのつくりの基本なんだ。

1 生物の基本単位は細胞で，ふつう核がある!

●細胞…生物を形づくる小さな部屋のようなつくり。生物のからだをつくる基本単位。

 植物細胞と動物細胞のちがい

	植物	動物	特徴
核	○	○	染色液でよく染まる。ふつう1つの細胞に1個*。
細胞膜	○	○	**細胞質のいちばん外側。**
細胞壁	○	×	**細胞膜の外側**の仕切り。細胞を保護し，形を保つ。
葉緑体	○	×	**緑色の粒。**葉や茎の細胞に見られる。
液胞	○	×	細胞の活動でできた物質がとけた液が入っている。

○:ある，×:ない　＊赤血球[p.54]のように，核のない細胞もある。

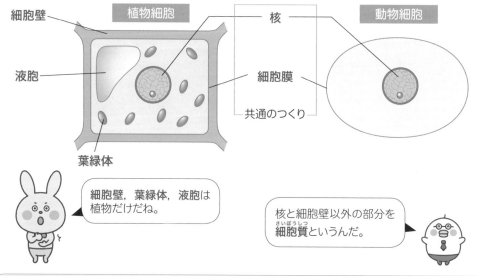

細胞壁，葉緑体，液胞は植物だけだね。

核と細胞壁以外の部分を細胞質というんだ。

ゼッタイ! これだけ
●植物細胞と動物細胞に共通するつくり:核，細胞膜
●植物細胞だけのつくり:細胞壁，葉緑体，液胞

練習問題 →解答は別冊 p.5

❶ 次の文の ⬚ にあてはまることばを書きなさい。

(1) 生物を形づくる小さな部屋のようなつくりを ⬚ という。

(2) 1つの細胞に，ふつう ⬚ は1個ある。

(3) 細胞質のいちばん外側には ⬚ がある。

(4) 細胞のつくりのうち，① ⬚ と② ⬚ は植物細胞と動物細胞に共通である。

(5) 植物細胞では，細胞膜の外側に ⬚ がある。

(6) 葉や茎の細胞には，⬚ とよばれる緑色の粒がたくさんある。

(7) 成長した植物細胞には，細胞の活動でできた物質がとけた液の入った ⬚ がある。

❷ 右の図は，植物細胞と動物細胞のつくりを表したものである。

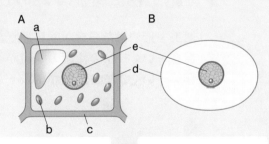

(1) A，Bは，それぞれ植物細胞，動物細胞のどちらか。

A ⬚　　B ⬚

(2) a〜eの名前をそれぞれ答えなさい。

a ⬚　　b ⬚

c ⬚　　d ⬚

e ⬚

覚えることが多くて，へとへとよ…

33

13 生物のからだと細胞
単細胞生物と多細胞生物

なぜ学ぶの？

わたしたちのからだは，たくさんの細胞でできているよ。でもたった1つの細胞でできている生物もいるんだ。細胞に着目してからだのつくりを考えよう。

1 生物は，からだをつくる細胞の数で分類できる！

●単細胞生物（たんさいぼうせいぶつ）…からだが1つの細胞でできている生物。
 └─単（1つ）。

すべての生命活動を1つの細胞で行っている。

例　ゾウリムシ　　　　　アメーバ　　　　　ミカヅキモ

核

核

核

●多細胞生物（たさいぼうせいぶつ）…からだが多数の細胞からできている生物。
 例　ヒト，ミジンコ，ツバキなど

2 多細胞生物は細胞が組み合わさってからだができている！

これが大事！
組織（そしき）…形やはたらきが同じ細胞が集まったもの。
器官（きかん）…いくつかの種類の組織が集まったもの。
個体（こたい）…いくつかの器官が集まってできた，独立した1個の生物体。

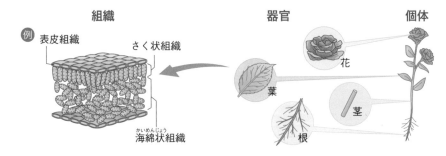
組織　　　　　　　　　　　　器官　　　　　個体
例　表皮組織　　さく状組織　　　　花
　　　　　　　　　　　　葉　　　茎
　　海綿状組織　　　　　根

ゼッタイ！これだけ
●単細胞生物：1つの細胞からできている
　多細胞生物：多数の細胞からできている
　　からだの成り立ち…細胞→組織→器官→個体

練習問題 →解答は別冊 p.5

❶ 次の文の ＿＿＿ にあてはまることばを書きなさい。

(1) からだが1つの細胞でできている生物を，＿＿＿＿＿生物という。

(2) からだが多数の細胞でできている生物を，＿＿＿＿＿生物という。

(3) ＿＿＿＿＿生物は，1つの細胞でさまざまな活動を行っている。

(4) 形やはたらきが同じ細胞が集まって，＿＿＿＿＿ができる。

(5) いくつかの組織が集まって，＿＿＿＿＿ができる。

(6) いくつかの器官が集まって，＿＿＿＿＿ができる。

❷ 下の図は，いろいろな水の中の生物を表している。

A

B

C
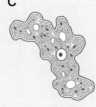

(1) A〜Cの生物の名前をそれぞれ書きなさい。

A ＿＿＿＿＿　　B ＿＿＿＿＿

C ＿＿＿＿＿

(2) A〜Cの生物を単細胞生物と多細胞生物に分け，記号で答えなさい。

単細胞生物 ＿＿＿＿＿

多細胞生物 ＿＿＿＿＿

単純なので
単細胞って
いわれます。

14 栄養分をつくる①
光合成の実験

なぜ学ぶの？

植物は，日光を使って自分が使う栄養分をつくっているよ。だから，日当たりのよいところではよく育つんだ。植物がつくる栄養分は，いずれわたしたちの栄養分になるから，ヒトが生きていくうえでも大事だね。

1 光が当たると，植物は緑色の部分で栄養分をつくる！

●光合成…植物が光を受けてデンプンなどの栄養分をつくり出すはたらき。
　　葉などの緑色の部分にある葉緑体で行われる。
　　　　　　　　　　　　└─細胞の中にある[p.32]。

これが
大事！

●光合成には，光と葉緑体が必要である。

光合成に必要な条件を調べる実験

❶一晩暗いところにアサガオを置く。
　➡葉のデンプンをなくすため。
❷じゅうぶんに光を当てる。

ふの部分
➡葉緑体がないので，光合成が
　行われない。

葉の緑色の部分
➡葉緑体があるので，
　光合成が行われる。

アルミニウムはくで
おおった部分
➡光が当たらないので，
　光合成は行われない。

アルミニウム
はくでおおう

確かめ方
葉を脱色してから，ヨウ素溶液にひたす。
➡青紫色になった部分にデンプンがある。
➡光合成が行われた。

葉はエタノールで
脱色するんだよ。

ゼッタイ！
これ
だけ

●光合成：光を受けてデンプンなどの栄養分をつくり出すはたらき
●光合成が行われる場所→葉緑体

練習問題 →解答は別冊 p.6

1 次の文の ___ にあてはまることばを書きなさい。

(1) 植物が① ___ を受けて栄養分をつくり出すはたらきを

② ___ という。

(2) デンプンがあると，ヨウ素溶液が ___ 色になる。

(3) 植物の葉など緑色の部分の細胞の ___ で光合成が行われる。

2 右の図のように，アサガオの葉のどこで光合成が行われているかを調べた。

(1) Aのような緑色でない部分を何というか。

___

(2) 光をじゅうぶんに当てたあと，葉を脱色し，ヨウ素溶液にひたした。青紫色になるのは，A〜Cのどの部分か。

___

(3) 次の①，②の結果から，光合成にはそれぞれ何が必要だとわかるか。

① AとB ___ ② BとC ___

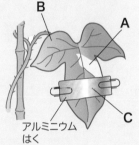

アルミニウムはく

これ以上はやらないよ！

これも！プラス 葉緑体でデンプンがつくられるのを確かめる！

● 光をよく当てたオオカナダモの葉A，Bを顕微鏡で観察する。

日光

ヨウ素溶液

熱湯

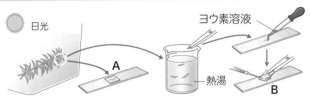

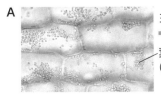

ヨウ素溶液にひたす。

葉緑体（緑色の粒）

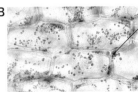

葉緑体が青紫色になった。
➡デンプンができた。

15 栄養分をつくる②

光合成のしくみ

なぜ学ぶの？

植物は，葉緑体で光合成を行ってデンプンをつくっているんだね [p.36]。
何を原料にして，デンプンをつくっているのかを学ぶと，野菜や花を育てるとき
に役立つね。

1 光合成で，水と二酸化炭素からデンプンをつくる！

これが大事！

●光合成では，光を受けた葉緑体で水と二酸化炭素からデンプンなど
の栄養分をつくり出す。このとき，酸素が発生する。

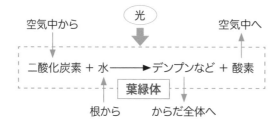

つくられたデンプンは，
水にとけやすい物質に
変えられ，からだ全体に
運ばれるよ。

光合成で使われる気体を調べる実験

❶試験管 A，B に息をふきこみ，A だけにタン
ポポの葉を入れゴム栓をした。
❷じゅうぶんに光を当てたあと，試験管 A，B
に石灰水を入れ，ゴム栓をしてよくふった。

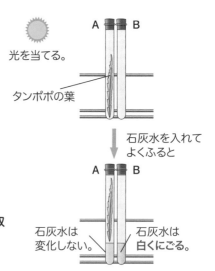

光を当てる。

タンポポの葉

石灰水を入れて
よくふると

石灰水は
変化しない。

石灰水は
白くにごる。

[結果]

試験管 A：石灰水に変化が見られなかった。
試験管 B：石灰水は**白くにごった。**

[考察]

試験管 A では，**光合成によって二酸化炭素が吸収
されて使われた**ため，石灰水は変化しなかった。

ゼッタイ！これだけ

●光合成では二酸化炭素が使われる
●光合成：二酸化炭素＋水 ──→ デンプンなど＋酸素

練習問題 →解答は別冊 p.6

❶ 次の文の　　　　にあてはまることばを書きなさい。

(1) 光合成では，細胞の中にある①　　　　　　　が光を受けて，二酸化炭

　　素と水から②　　　　　　　などの栄養分をつくり出す。このとき，

　　③　　　　　　　が発生する。

(2) 光合成でつくられたデンプンは，水にとけ　　　　　　　物質に変えられ，

　　からだ全体に運ばれる。

❷ 2本の試験管A，Bに息をふきこみ，試験管Aにはタンポポの葉を入れた。それぞれの試験管にじゅうぶん光を当てたあと，石灰水を入れてよくふった。

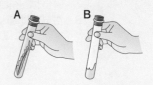

(1) 石灰水が白くにごったのは，試験管**A・B**のどちらか。記号で答えなさい。

(2) この実験で，一方の試験管の石灰水に変化が見られなかった理由を，植物のはたらきに注目して簡単に書きなさい。

これも！プラス **対照実験では調べようとする条件以外は同じにする！**

●対照実験…調べる条件以外を同じにして行う実験。

　→結果のちがいが変えた条件によるものであることがわかります。

　例 光合成で使われる気体を調べる実験 [p.38] の場合，**B**が対照実験になります。

条件	A	B
息	○	○
光	○	○
葉	○	×

○:ある ×:ない

　→葉のはたらきで二酸化炭素がなくなったことがわかります。

16 植物と呼吸

光合成と呼吸

なぜ学ぶの?

動物と同じように植物も呼吸を行って，酸素をとり入れて二酸化炭素を出しているよ。わたしたちが必要な酸素は植物がつくっているわけだから，呼吸と光合成のバランスは環境保全のためにも大切なんだ。

1 植物も呼吸している！

これが大事！

● **呼吸**…生きていくため，**酸素をとり入れ，二酸化炭素を出す**はたらき。

植物の呼吸を調べる実験

A **植物と空気**を入れた袋を一晩暗いところに置く。
B **空気だけ**を入れた袋を一晩暗いところに置く。

袋の中の空気を石灰水に通すと

A 石灰水が白くにごる。
➡ **二酸化炭素ができた。**
B 変化が見られない。

植物の**呼吸**によって二酸化炭素ができたんだよ。

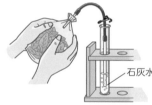

石灰水

2 昼は光合成＋呼吸，夜は呼吸のみ！

これが大事！

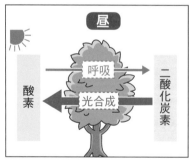

昼

呼吸
光合成
酸素
二酸化炭素

光合成と呼吸の両方を行っている。呼吸より光合成がさかんで，全体では**二酸化炭素をとり入れ，酸素を出す**。

夜

酸素
呼吸
二酸化炭素

呼吸だけが行われ，**酸素をとり入れ，二酸化炭素を出す**。

ゼッタイ！これだけ

● 暗い場所で二酸化炭素を出す→植物も呼吸している
● 光合成→光の当たる昼だけ，呼吸→1日中

練習問題 →解答は別冊 p.6

1 次の文の ___ にあてはまることばを書きなさい。

(1) 酸素をとり入れ，二酸化炭素を出すはたらきを ___ という。

(2) 植物の呼吸を調べるには，植物を暗い場所に置いて ___ が

行われないようにする。

(3) 光の当たる昼は，① ___ のほうがさかんに行われているため，

② ___ をとり入れて③ ___ を出す。

(4) 光が当たらない夜は，① ___ のみ行われているので，

② ___ をとり入れて③ ___ を出す。

2 植物のはたらきを調べるため，次のような実験を行った。

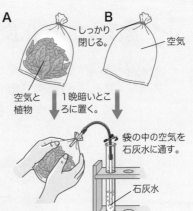

A しっかり閉じる。 B 空気
空気と植物 1晩暗いところに置く。
袋の中の空気を石灰水に通す。 石灰水

〔実験〕

右の図のように，ポリエチレンの袋**A**には植物と空気，**B**には空気だけを入れ，1晩暗いところに置いた。その後，袋**A,B**の中の空気をそれぞれ石灰水に通した。

(1) 石灰水が白くにごったのは，**A・B**どちらの袋か。

___

(2) 次の文の ___ にあてはまることばを書きなさい。

植物が ① ___ を行って ② ___ を出したため，
石灰水が白くにごった。

環境って大事！

① ___ ② ___

17 水や栄養分の通り道
道管と師管

なぜ学ぶの？

光合成でつくられた栄養分 [p.38] は，からだ全体に運ばれるよ。葉でつくられた栄養分がどこを通ってからだ全体に運ばれるのかに注目して，植物のからだのつくりを学ぶよ。

1 植物のからだには水の通り道と栄養分の通り道がある！

これが大事！

道管…根から吸収した水や水にとけた養分が通る管。
師管…光合成でつくられた栄養分が通る管。
維管束…道管と師管が集まった束。

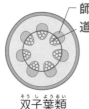

師管｝維管束
道管

師管｝維管束
道管

双子葉類　　　　　単子葉類

▲茎の断面

茎では，道管は維管束の内側，師管は外側にあるんだ。

2 酸素や二酸化炭素は気孔から出入りする！

これが大事！

葉脈…道管と師管が集まった維管束からできている。
気孔…酸素や二酸化炭素の出入り口。水蒸気の出口。
　　　葉の裏側に多く見られる。

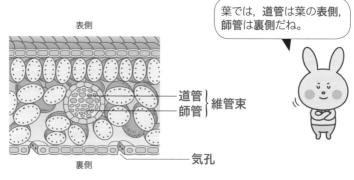

表側

道管｝維管束
師管

裏側　　　　　　　気孔

▲葉の断面

葉では，道管は葉の表側，師管は裏側だね。

ゼッタイ！これだけ

●道管→根からの水，師管→光合成でつくられた栄養分の通り道
●気孔→酸素や二酸化炭素の出入り口，水蒸気の出口

練習問題 →解答は別冊 p.6

1 次の文の　　　　にあてはまることばを書きなさい。

(1) 根から吸収した水や水にとけた養分が通る管を　　　　　　　という。

(2) 葉でつくられた栄養分が通る管を　　　　　　　という。

(3) 道管と師管が集まった束を　　　　　　　という。

(4) 茎の維管束では, 道管は維管束の①　　　　　　　, 師管は維管束の

②　　　　　　　にある。

(5) 葉では, 道管は葉の①　　　　　　　, 師管は葉の②　　　　　　

にある。

(6) 葉に多く見られる, 酸素や二酸化炭素の出入り口, 水蒸気の出口を

　　　　　　　という。

2 右の図は, 植物の茎のつくりを表したものである。

(1) 双子葉類の茎を表しているのは, A・Bのどちらか。

(2) 道管と師管をa〜eからそれぞれすべて選び, 記号で答えなさい。

　　　　　　　　　道管　　　　　　　　　師管

(3) 根から吸収した水や水にとけた養分が通る管をa〜eからそれぞれすべて選び, 記号で答えなさい。

わたしってば天才…!

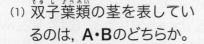

43

18 吸い上げた水のゆくえ

蒸散

なぜ学ぶの？

根から吸い上げた水は，道管を通ってからだ全体に運ばれるよ [p.42]。
葉まで運ばれた水は，その後どうなるのか追っていこう。

1 根から吸い上げられた水は葉の表面から出ていく！

これが大事！

●蒸散…根から吸い上げられた水が植物のからだの表面にある**気孔**
から水蒸気になって出ていくこと。

葉の裏側に多い。

蒸散量を調べる実験

植物の葉を**A〜C**のように処理し，一定時間光を当てたときの水の減少量を調べる。

A

油

水

何もぬらない

水面からの**水の蒸発を防ぐ**ため，油を浮かべる。

B

葉の**表側**に
ワセリンをぬる

C

葉の**裏側**に
ワセリンをぬる

ぬった部分では**蒸散が行われない。**

葉の大きさや
枚数が同じ
ぐらいの枝を
使うんだよ。

結果

ワセリンをぬった部分	A	B	C
葉の表側	○	×	○
葉の裏側	○	○	×
茎	○	○	○
水の減少量〔cm³〕	7.3	6.1	1.5

○：蒸散が行われる　×：蒸散が行われない

それぞれの部分の水の減少量
葉の表側＝A－B＝7.3－6.1＝1.2cm³
葉の裏側＝A－C＝7.3－1.5＝5.8cm³
茎＝B＋C－A＝6.1＋1.5－7.3＝0.3cm³

考察

葉の裏側の水の減少量がもっとも多い。
➡葉の裏に気孔が多い。

ゼッタイ！これだけ

●蒸散：根からの水がからだの表面の**気孔**から水蒸気になって出ていく
●気孔→葉の裏側に多い

練習問題 →解答は別冊 p.6

❶ 次の文の □ にあてはまることばを書きなさい。

根から吸い上げた水が植物のからだの表面の① □ から

② □ になって出ていくことを，③ □ という。

❷ 葉の数や大きさがほぼ同じ植物の枝を用意し，右の図のような処理をしてしばらくおいてから水の減少量を調べると表のようになった。

A 油 水 何もぬらない

B 葉の表側にワセリンをぬる

C 葉の裏側にワセリンをぬる

	A	B	C
減少量〔cm^3〕	2.7	2.2	0.6

(1) 水面に油を浮かべた理由を簡単に答えなさい。

□

(2) 次の①～③での水の減少量を求めなさい。

① 葉の表側 □　　　② 葉の裏側 □

③ 茎 □

(3) この実験から，気孔の数は葉の表側・裏側のどちらに多いことがわかるか。

□

まだ半分…！もう半分だよ！！

これも！プラス **気孔は昼に開き，夜に閉じる！**

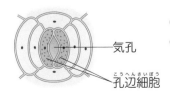

気孔
孔辺細胞

● 気孔は，ふつう昼に開いて，夜に閉じる。
● **気孔が開いている間は，蒸散がさかん。**
　→ 水がたくさん失われやすいため，昼は根から**さかんに水が吸い上げられる。**

おさらい問題 11 〜 18

① 右の図は，ツバキの葉の断面の
ようすを表したものである。

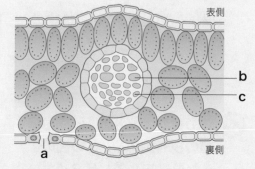

表側

b
c

a

裏側

(1) **a**のすきまを何というか。

(2) ふつう，**a**のすきまは，葉の表側と裏側のどちらに多いか。

(3) **b**，**c**の管をそれぞれ何というか。

b　　　　　　　　　c

(4) 根から吸収した水や水にとけた養分が通るのは，**b**，**c**のどちらか。

② 右の図は，ある植物の茎の断面のようすを表したものである。

a
b

(1) **a**，**b**の管の名前をそれぞれ答えなさい。

a　　　　　　　b

(2) **a**，**b**を合わせたものを何というか。

(3) この植物は，双子葉類と単子葉類のどちらと考えられるか。

❸ 光合成のはたらきを調べるために，次のような実験を行った。

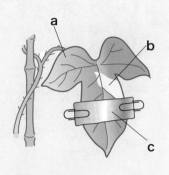

実験

❶ 右の図のように，ふ入りの葉の一部をアルミニウムはくでおおい，じゅうぶんに光を当てた。

❷ 葉を熱湯につけたあと，あたためたエタノールに入れた。

❸ よく洗ったあと，ヨウ素溶液につけて色の変化を調べた。

(1) ❷の下線部の操作を行う理由を，次のア〜エから1つ選び，記号で答えなさい。

　ア 葉をやわらかくするため。　　イ 葉の緑色をぬくため。

　ウ 葉の緑色を濃くするため。　　エ 葉についた汚れを落とすため。

(2) ❸で色の変化が見られたのはa〜cのどの部分か。

(3) この実験からわかる，光合成に必要な条件を2つ答えなさい。

❹ 右の図は，葉の表面に見られるすきまを表したものである。

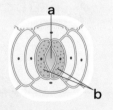

(1) a，bの部分の名前をそれぞれ答えなさい。

　　a　　　　　　　　　b

(2) ふつう，aが開くのは昼・夜のどちらか。

(3) 根から吸い上げられた水が水蒸気になって植物のからだの表面のaから出ていくことを何というか。

47

19 栄養分をとり入れるはたらき
消化と吸収

なぜ学ぶの？

ヒトのからだのつくりを知っておくことは，からだをじょうぶにしたり，守ったりするうえでとても大事だよ。まずは食べたものがどのようにして栄養分になっているのかを知るよ。

1 食べ物は吸収しやすい物質に消化される！

- 消化…栄養分を分解して吸収しやすい物質に変えること。
- 消化液…栄養分を分解する液。
- 消化酵素…消化液にふくまれ，栄養分を分解する物質。

これが大事！

消化液	消化酵素	デンプン	タンパク質	脂肪
唾液	アミラーゼ	○		
胃液	ペプシン		○	
胆汁	なし			○
すい液	アミラーゼ	○		
	リパーゼ			○
	トリプシン		○	
小腸の壁の消化酵素		○	○	
分解されてできる物質		ブドウ糖	アミノ酸	脂肪酸＋モノグリセリド

○：消化に関係する。

2 消化された栄養分は小腸の柔毛から吸収される！

- 柔毛…小腸の内側の壁にあるたくさんのひだの表面の小さな突起。
  内部には**毛細血管**と**リンパ管**が分布し，
  消化された栄養分や無機物を吸収する。

これが大事！

デンプン　→ ブドウ糖
タンパク質 → アミノ酸　　　→ 柔毛の毛細血管

脂肪　→ 脂肪酸
　　　→ モノグリセリド　　→ 柔毛のリンパ管

再び脂肪になる。

毛細血管

リンパ管

▲小腸の柔毛

ゼッタイ！これだけ

- 消化:消化酵素によって栄養分を吸収しやすい物質に変えること
- 唾液→デンプンを分解，胃液→タンパク質を分解
- 消化された栄養分の吸収→小腸の柔毛の**毛細血管**または**リンパ管**から

練習問題 ➡解答は別冊 p.7

❶ 次の文の ◻◻◻ にあてはまることばを書きなさい。

(1) 栄養分を分解して吸収されやすい物質に変えることを

◻◻◻ という。

(2) 唾液は① ◻◻◻ ，胃液は② ◻◻◻ を分解する。

(3) ブドウ糖とアミノ酸は小腸の柔毛の ◻◻◻ から吸収される。

❷ 右の図は，小腸の内側の壁のひだにある突起を模式的に表したものである。

(1) 図のような突起を何というか。

◻◻◻

(2) a, bの管をそれぞれ何というか。

a ◻◻◻ 　　　b ◻◻◻

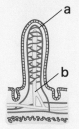

(3) デンプンは消化されて最終的に何になるか。

◻◻◻

(4) (3)はa, bのどちらに入るか。

◻◻◻

> 食べると
> 眠くなっちゃう…

これも！プラス デンプンを使って唾液のはたらきを調べる！

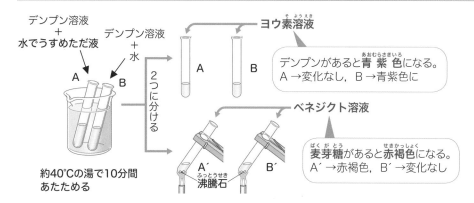

デンプン溶液 ＋ 水でうすめただ液

デンプン溶液 ＋ 水

2つに分ける

約40℃の湯で10分間あたためる

沸騰石

ヨウ素溶液

> デンプンがあると青紫色になる。
> A →変化なし，B →青紫色に

ベネジクト溶液

> 麦芽糖があると赤褐色になる。
> A′ →赤褐色，B′ →変化なし

20 肺のつくりとはたらき
肺呼吸と細胞呼吸

なぜ学ぶの?

植物は，気孔から酸素や二酸化炭素の出し入れを行っていたね[p.42]。
ヒトは口や鼻から空気をとり入れているよ。とり入れた空気中の酸素がどこに行って何に使われているか，学んでいくよ。

1 呼吸は2種類！　肺呼吸と細胞呼吸！！

これが大事!

●呼吸

> 肺呼吸（はいこきゅう）…空気中からとりこまれた酸素と血液中の二酸化炭素が，肺の**肺胞**で交換される。
> └ 気管支の先につながる小さな袋。肺胞がたくさんあることで表面積が大きくなり，酸素と二酸化炭素が効率よく交換できる。
>
> 細胞呼吸（さいぼうこきゅう）（細胞による呼吸）…**細胞**が血液によって運ばれてきた**酸素**を使って**二酸化炭素**を血液中に出す。
> └ 血液によって運ばれ，肺から空気中に出される。

このとき栄養分を分解し，エネルギーをとり出す。

肺のつくりと肺呼吸

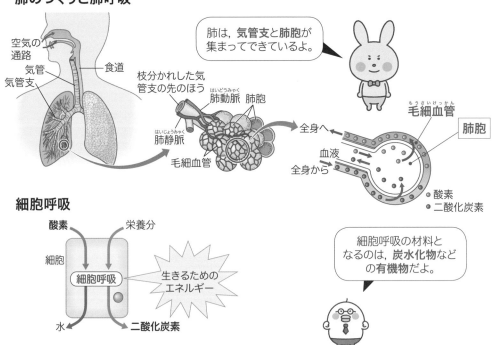

肺は，**気管支と肺胞**が集まってできているよ。

空気の通路
気管
気管支
食道
枝分かれした気管支の先のほう
肺動脈（はいどうみゃく）　肺胞
肺静脈（はいじょうみゃく）
毛細血管
全身へ
血液
全身から
毛細血管（もうさいけっかん）
肺胞
酸素
二酸化炭素

細胞呼吸

酸素　栄養分
細胞
細胞呼吸
生きるためのエネルギー
水　二酸化炭素

細胞呼吸の材料となるのは，**炭水化物**などの有機物だよ。

ゼッタイ！これだけ

●肺胞→毛細血管中の血液との間で酸素と二酸化炭素の受け渡しを行う
●細胞呼吸：酸素を使って生きるためのエネルギーをとり出すはたらき

練習問題 →解答は別冊 p.7

1 次の文の ＿＿＿ にあてはまることばを書きなさい。

(1) 肺は, 気管が枝分かれした① ＿＿＿＿＿ と, その先につながる小さ
な袋である② ＿＿＿＿＿ が集まってできている。

(2) 肺胞とそのまわりをとり巻く ＿＿＿＿＿ 中の血液の間で, 酸素と二
酸化炭素の受け渡しが行われる。

(3) 細胞内で, ① ＿＿＿＿＿ を使って栄養分を分解して生きるためのエ
ネルギーをとり出し, ② ＿＿＿＿＿ を出すはたらきを
③ ＿＿＿＿＿ という。

2 右の図は, ヒトの肺の一部を表したものである。

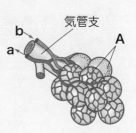

(1) 肺に見られる, 小さな袋のようなもの**A**を何というか。

＿＿＿＿＿

(2) (1) をとりまく血管を何というか。

＿＿＿＿＿

(3) **a, b**は血液の流れを表している。酸素を多くふくむ血液が
流れているのは, **a, b**のどちらか。

＿＿＿＿＿

(4) 下の文は, (1) のようなつくりをたくさんもつことの利点を説明したものであ
る。 ＿＿＿ にあてはまることばを書きなさい。

肺の ① を大きくして, 酸素と ② の交換
を効率よく行うことができる。

① ＿＿＿＿＿ ② ＿＿＿＿＿

深呼吸のためには,
まずはく！！

21 心臓のつくりと血液の循環
肺循環と体循環

なぜ学ぶの？

血液は，小腸で吸収された栄養分[p.48]や，肺でとり入れられた酸素[p.50]を，全身の細胞に運んでいたね。血液がどうやって全身をめぐっているか注目しよう。

1 心臓は血液を全身にいきわたらせるポンプ！

●心臓…周期的に**収縮**して，血液の流れをつくる**ポンプ**のはたらきをする。厚い筋肉でできている。

●拍動…心臓の周期的な動き。

動脈…**心臓から送り出される血液**が流れる。
静脈…**心臓にもどる血液**が流れる。

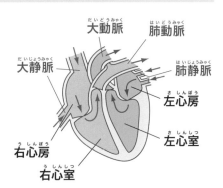

大動脈　肺動脈　大静脈　肺静脈　左心房　左心室　右心房　右心室

2 血液の循環は肺循環と体循環の2つに分かれる！

これが大事！

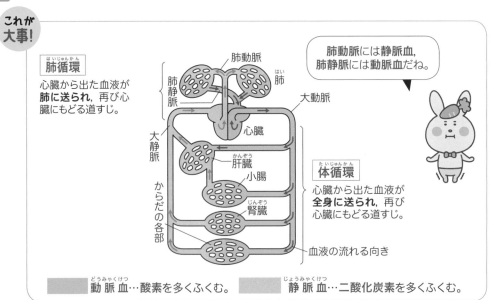

肺循環
心臓から出た血液が**肺に送られ**，再び心臓にもどる道すじ。

体循環
心臓から出た血液が**全身に送られ**，再び心臓にもどる道すじ。

肺動脈には静脈血，肺静脈には動脈血だね。

肺動脈　肺静脈　肺　大動脈　心臓　大静脈　肝臓　小腸　腎臓　からだの各部　血液の流れる向き

動 脈 血…酸素を多くふくむ。　　静 脈 血…二酸化炭素を多くふくむ。

ゼッタイ！これだけ

●心臓はポンプのはたらきをする

●肺循環：心臓→肺→心臓，体循環：心臓→全身→心臓

練習問題 →解答は別冊 p.8

① 次の文の◯◯◯◯にあてはまることばを書きなさい。

(1) ① ▢▢▢▢ は厚い筋肉（きんにく）でできていて，周期的に収縮（しゅうしゅく）して，血液の

　　流れをつくる② ▢▢▢▢ のはたらきをしている。

(2) 心臓（しんぞう）の周期的な動きを ▢▢▢▢ という。

(3) 心臓から出た血液が肺（はい）に送られ，再び心臓にもどる道すじを

　　▢▢▢▢ という。

(4) 心臓から出た血液が全身に送られ，再び心臓にもどる道すじを

　　▢▢▢▢ という。

(5) 酸素を多くふくむ血液を① ▢▢▢▢ ，二酸化炭素を多くふくむ血

　　液を② ▢▢▢▢ という。

② 右の図は，ヒトのからだの血液の流れを表し
たものである。

(1) A～Dの血管の名前をそれぞれ答えなさい。

A ▢▢▢▢　　　　B ▢▢▢▢

C ▢▢▢▢　　　　D ▢▢▢▢

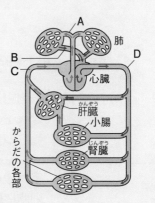

(2) 血液が心臓→全身→心臓と循環（じゅんかん）することを
何というか。

　　▢▢▢▢

(3) 動脈血（どうみゃくけつ）が流れている血管を，A～Dからすべ
て選びなさい。

　　▢▢▢▢

心臓は
休まないのか！！

血液の成分

赤血球・白血球・血小板・血しょう

酸素や二酸化炭素[p.50]，栄養分など[p.48]は血液によって運ばれるんだったね。
血液がどのようにこれらの物質を運んでいるのかに注目しよう。また，血液に，
ほかにどんな役割があるか，知っておこう。出血したときに役立つかも…？

1 血液は, 赤血球, 白血球, 血小板 (固形) と血しょう (液体)!

●血液は，**赤血球**，**白血球**，**血小板**などの固形成分と**血しょう**という液体
成分からできている。

これが大事!

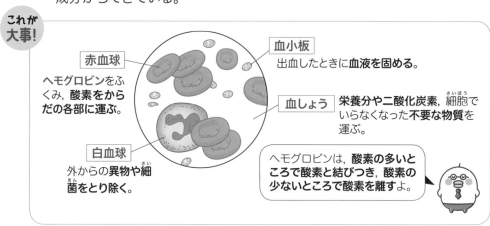

赤血球
ヘモグロビンをふくみ，酸素をからだの各部に運ぶ。

血小板
出血したときに**血液を固める**。

血しょう 栄養分や二酸化炭素，細胞でいらなくなった**不要な物質**を運ぶ。

白血球
外からの異物や細菌をとり除く。

ヘモグロビンは，酸素の多いところで酸素と結びつき，酸素の少ないところで酸素を離すよ。

2 血しょうは毛細血管を通りぬけて細胞のまわりに!

●組織液…血しょうの一部が毛細血管
の壁からしみ出して**細胞の
まわりを満たしているもの**。

これが大事!
組織液のはたらき
細胞に**酸素や栄養分**をわたし，
**二酸化炭素や不要な物質を受
けとる**。

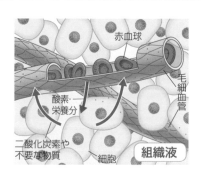

赤血球

毛細血管

酸素・栄養分

二酸化炭素や不要な物質　細胞

組織液

ゼッタイ！これだけ

●**赤血球**：ヘモグロビンをふくみ，酸素を運搬する

●**組織液**：血しょうの一部が毛細血管からしみ出たもの
　　　　　→細胞と物質のやりとりをする

練習問題 →解答は別冊 p.8

1 次の文の　　　　にあてはまることばを書きなさい。

(1) 血液の成分のうち, ①　　　　　　　は②　　　　　　　　　をふくみ,
酸素を運ぶ。

(2) 血液の成分のうち, 　　　　　　　　　は, 外からの異物や細菌をとり除く。

(3) 血液の成分のうち, 　　　　　　　　　は, 出血したときに血液を固める。

(4) 血液の成分のうち, 　　　　　　　　　は, 栄養分や二酸化炭素, 不要な物
質を運ぶ。

(5) ①　　　　　　　　の一部が毛細血管の壁からしみ出して細胞のまわりを
満たしたものを②　　　　　　　　という。

2 右の図は, 血液の成分を表している。

(1) A～Dの名前をそれぞれ答えなさい。

A　　　　　　　　　　B

C　　　　　　　　　　D

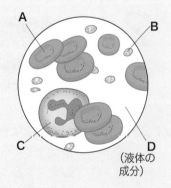

（液体の
成分）

(2) 次の①～④のはたらきをする血液の成分は,
A～Dのどれか。それぞれ記号で答えなさい。

① 酸素を全身に運ぶ。

② 異物や細菌をとり除く。

③ 出血したときに血液を固める。

④ 栄養分や二酸化炭素, 不要な
物質を運ぶ。

血液も
はたらいている
んだなぁ～

23 不要な物質のゆくえ

排出のしくみ

細胞にとって，二酸化炭素やアンモニアなどはいらないもので，たまるとからだに害があるんだ。だから尿や汗はとても大事なものなんだ。どうやって体外に出しているのか具体的に学ぶよ。

1 細胞でつくられたアンモニアは肝臓で尿素に変わる！

これが大事！

肝臓のはたらき

・有害な**アンモニア**を害の少ない**尿素**に変える。
└ 細胞呼吸のときにできる。

・脂肪の分解を助ける**胆汁**をつくる。

・吸収された栄養分を**別の物質につくり変える**。

・吸収された栄養分を一時的に**たくわえる**。

・**有害な物質を無害化**する。

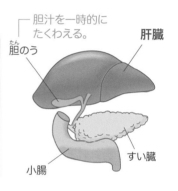

胆汁を一時的にたくわえる。

肝臓

胆のう

すい臓

小腸

2 尿素は血液中からこし出されて尿となって体外に出される！

●**排出**…細胞のはたらきでつくられた二酸化炭素や尿素などの**不要な物質を体外に出す**はたらき。

これが大事！

腎臓のはたらき

・肝臓でつくられた**尿素**などの不要な物質を血液中から**こしとり，尿**をつくる。

・体内の**塩分**をからだに適した濃度に保つ。

不要な物質の一部は**汗**になるよ。

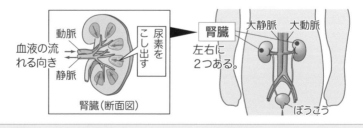

動脈

血液の流れる向き

静脈

尿素をこし出す

腎臓

大静脈　大動脈

左右に2つある。

ぼうこう

腎臓（断面図）

●**肝臓**：有害な**アンモニア**を害の少ない**尿素**に変える

●**腎臓**：血液中から**尿素をこしとって尿**をつくる

練習問題 →解答は別冊 p.8

1 次の文の ___ にあてはまることばを書きなさい。

(1) 肝臓は，アミノ酸が分解されてできた有害な① ___ を害の少ない② ___ に変える。

(2) 肝臓は，脂肪の分解を助ける ___ をつくる。

(3) 胆汁は， ___ に一時的にたくわえられる。

(4) ① ___ は，尿素などの不要な物質を血液中からこしとり，

② ___ をつくる。

(5) 腎臓は，体内の ___ をからだに適した濃度に保つ。

2 右の図は，排出系を表している。

(1) A，Bの名前をそれぞれ答えなさい。

A ___ B ___

(2) Bの器官でためられ，体外に排出されるものは何か。

___

(3) 細胞でつくられたアンモニアは，害の少ない物質に変えられ，(2) として排出される。害の少ない物質とは何か。

___

(4) (3) をつくる器官は何か。

___

トイレをがまんするのはよくないのか?!

24 刺激を受けとるしくみ

感覚器官

なぜ学ぶの？

動物が食べ物を見つけたり，敵から身を守ったりすることができるのは，まわりのようすを感じとるしくみがそなわっているからなんだ。どんなしくみで，ものが見えたり音が聞こえたりできるのか注目しよう。

1 目や耳のように，刺激を受けとる器官を感覚器官という！

●**感覚器官**…目や耳，鼻，舌，皮膚など，外界からの**刺激**を受けとる器官。
└─ 光や音，におい，味，熱さ・冷たさなど

●**感覚細胞**…感覚器官にある，刺激を受けとる細胞。

これが大事！ 目のつくり

網膜 光の刺激を受けとり，信号に変える感覚細胞がある。

虹彩 瞳の大きさを変えて，**目に入る光の量を変化させる。**

角膜
瞳

視神経 信号を脳に伝える。

レンズ（水晶体） 光を屈折させて，網膜上に像を結ばせる。

▲右目の断面を上から見た図

信号が脳に伝わって，はじめて**感覚が生じる**んだ。

| 光 | ⇒ | レンズ | → | 網膜 | → | 視神経 | → | 脳 |

これが大事！ 耳のつくり

耳小骨 鼓膜の振動をうずまき管に伝える。

聴神経 →信号を脳に伝える。

うずまき管 振動の刺激を受けとり，信号に変える感覚細胞がある。

鼓膜 音をとらえて振動する。

▲右耳の断面を正面から見た図

| 音 | → | 鼓膜 | → | 耳小骨 | → | うずまき管 | → | 聴神経 | → | 脳 |

ゼッタイ！これだけ

●目の網膜→光の刺激を受けとる感覚細胞がある
●耳のうずまき管→音の刺激を受けとる感覚細胞がある

練習問題 →解答は別冊 p.8

1 次の文の ▢ にあてはまることばを書きなさい。

(1) 外界からの刺激を受けとる器官を ▢ という。

(2) 感覚器官にある, 刺激を受けとる細胞を ▢ という。

(3) ▢ は, 瞳の大きさを変えて目に入る光の量を調節する。

(4) ▢ は, 光を屈折させて, 網膜上に像を結ばせる。

(5) ▢ には, 光の刺激を受けとり, 信号に変える感覚細胞がある。

(6) 目の感覚細胞からの信号は ▢ を通って脳へ送られる。

(7) ▢ は, 音をとらえて振動する。

(8) ▢ は, 鼓膜の振動をうずまき管に伝える。

(9) ▢ には, 振動の刺激を受けとり, 信号に変える感覚細胞がある。

(10) 耳の感覚細胞からの信号は ▢ を通って脳へ送られる。

2 右の図は, 目のつくりを表したものである。

(1) a〜dの部分の名前をそれぞれ書きなさい。

a ▢ b ▢

c ▢ d ▢

(2) 感覚細胞があるのは, a〜dのどの部分か。
記号で答えなさい。

▢

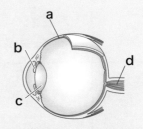

〈右目の断面を上から見た図〉

目が
しょぼしょぼ〜

25 刺激と反応
神経系と反射

なぜ学ぶの?

サッカーのときにボールをけるためにあしを前に出す，熱いものをさわって思わず手を引っこめる。これらの行動はちがうしくみで起こっているんだ。これは自分自身を守る大事なしくみなんだ。

1 反応には脳を通るものと，反射がある！

●**中枢神経**…脳と脊髄。運動器官や内臓に命令の信号を出す。
└─手やあしなど。

●**末しょう神経**…感覚器官からの刺激の信号を伝える**感覚神経**や，
中枢神経からの命令の信号を伝える**運動神経**など。

これが大事!

意識して起こす反応

信号が伝わる経路

$$A \rightarrow B \rightarrow C \rightarrow D \rightarrow 筋肉$$

脳

C　B

感覚神経 感覚器官からの**刺激の信号**を脳や脊髄に伝える。

A

感覚器官（皮膚）

脊髄

背骨の中を通り，脳と末しょう神経をつなぐ。

D

運動器官（筋肉）

運動神経

脳や脊髄からの**命令の信号**を筋肉などの運動器官に伝える。

無意識に起こる反応

反射という。

信号が伝わる経路

$$A \rightarrow E \rightarrow D \rightarrow 筋肉$$
$$\downarrow$$
$$B \rightarrow 脳$$

脳

B

A 感覚神経

E 脊髄

感覚器官（皮膚）

脊髄

D 運動神経

運動器官（筋肉）

脊髄などから直接命令の信号が出されるため，**反応するまでの時間が短い。**

ゼッタイ！これだけ

●意識して起こす反応→脳が関係している

●反射→脳を通らないので，反応するまでの時間が短い

練習問題 →解答は別冊 p.9

❶ 次の文の _____ にあてはまることばを書きなさい。

(1) 脳_{のう}と脊髄_{せきずい}をまとめて _____ 神経といい，命令の信号を出す。

(2) 末しょう神経のうち，感覚器官_{かんかくきかん}からの刺激_{しげき}の信号を，脳や脊髄に伝える神経を① _____ 神経という。脳や脊髄からの命令の信号を，筋肉などの運動器官_{うんどうきかん}に伝える神経を② _____ 神経という。

(3) 刺激に対して無意識に起こる反応を _____ という。

❷ 右の図は，刺激や命令の信号が伝わる経路を表している。

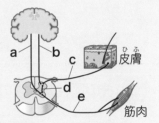

(1) 熱いものにふれたとき，思わず手を引っこめるような反応を何というか。

_____

(2) (1)のとき，信号が伝わる神経を**a～e**からすべて選び，信号が伝わる順に並べなさい。

_____

脳を休ませ中！

一方の筋肉が収縮するとき，もう一方はゆるむ！

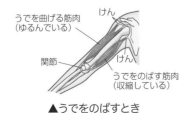

うでを曲げる筋肉
（ゆるんでいる）

けん

関節

けん

うでをのばす筋肉
（収縮している）

▲うでをのばすとき

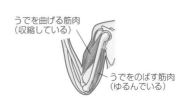

うでを曲げる筋肉
（収縮している）

うでをのばす筋肉
（ゆるんでいる）

▲うでを曲げるとき

→解答は別冊 p.9

おさらい問題 19〜25

① **右の図は，小腸の内側の壁のひだにある突起を模式的に表したものである。**

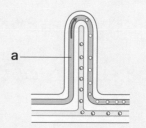

(1) 図のような，小腸の内側の壁のひだにある突起を何というか。

(2) 小腸の壁からは，食物の成分を分解する物質が出る。この物質を何というか。

(3) (2)の物質によって分解されてできた**ア〜エ**の物質のうち，図の突起から吸収されたあと**a**に入るものをすべて選び，記号で答えなさい。

ア アミノ酸　　　　**イ** 脂肪酸
ウ モノグリセリド　**エ** ブドウ糖

② **右の図は，血液の成分を表している。**

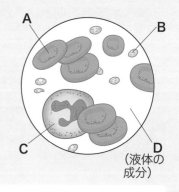

(1) 次のはたらきをもつ血液の成分を，それぞれ**A〜D**から1つずつ選び，その**記号**と**名前**を答えなさい。

① ヘモグロビンをふくみ，酸素を全身の細胞へ運ぶ。

記号　　　　　名前

② 毛細血管の壁からしみ出して組織液になる。

記号　　　　　名前

(2) ヘモグロビンの性質を簡単に説明しなさい。

❸ 下の文章を読んで，次の問いに答えなさい。

呼吸や細胞の活動でできた不要な物質には，二酸化炭素や A がある。有害な A は，血液によって（ ① ）に運ばれ，害の少ない B へ変えられたのちに（ ② ）でこしとられて尿として体外に排出される。

(1) ①，②にあてはまる器官の名前をそれぞれ答えなさい。

① ②

(2) A，Bにあてはまる物質の名前をそれぞれ答えなさい。

A B

(3) 尿を一時的にためておく器官を何というか。

(4) ①の器官では，脂肪の分解を助けるはたらきをもつ消化液ができる。この消化液の名前を答えなさい。

❹ 右の図は，うでをのばしたときのヒトの骨格と筋肉のようすを示したものである。

(1) a，bの名前をそれぞれ答えなさい。

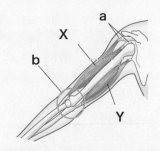

a

b

(2) うでを曲げるとき，XとYの筋肉はどのようになるか。次の**ア～エ**から正しいものを1つ選び，記号で答えなさい。

ア XとYの両方とも縮む。　　　　**イ** XとYの両方ともゆるむ。

ウ Xは縮み，Yはゆるむ。　　　　**エ** Xはゆるみ，Yは縮む。

26 回路の表し方

直列回路と並列回路

なぜ学ぶの？

豆電球に乾電池をつなぐと，電流が流れるね。
このときのようすを簡単な図で表せるようにするよ。

1 回路は決められた記号を使って表す！

●**回路**…電流の流れる道すじ。
●**回路図**…回路のようすを**電気用図記号**で表したもの。

おもな電気用図記号

電気器具	電源 電池　電源装置	電球	スイッチ	電気抵抗	電流計 （直流用）	電圧計 （直流用）
電気用図記号	―｜ ｜― 長いほうが+極	⊗	／	―□―	Ⓐ	Ⓥ

2 枝分かれがない直列回路！　枝分かれがある並列回路！

これが大事！

●**直列回路**…枝分かれのない，1本の道すじでつながっている回路。

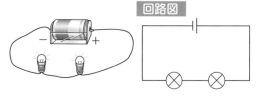

回路図

> 一方の豆電球を外すと，**もう一方は消える**よ。

これが大事！

●**並列回路**…枝分かれのある回路。

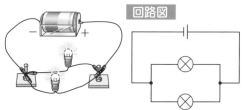

回路図

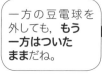

> 一方の豆電球を外しても，**もう一方はついたまま**だね。

ゼッタイ！これだけ

●**回路図**：回路のようすを**電気用図記号**で表したもの
●**直列回路**：枝分かれがない，**並列回路**：枝分かれがある

練習問題 →解答は別冊 p.9

❶ 次の文の　　　　にあてはまることばを書きなさい。

(1) 電気の通り道を　　　　　　　という。

(2) 回路のようすを電気用図記号で表したものを　　　　　　　という。

(3) 枝分かれのない，1本の道すじでつながっている回路を

① 　　　　　　　，枝分かれのある回路を② 　　　　　　　という。

**❷ 図1は，電気用図記号を使って回路のようすを
表したものである。**

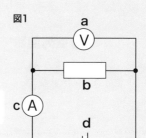

図1

(1) **図1**のような図を何というか。

(2) **図1**のa～dはそれぞれ何を表しているか。

　a 　　　　　　　　b

　c 　　　　　　　　d

(3) **図2**の**A**，**B**の回路をそれぞれ
何というか。

図2

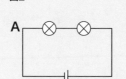
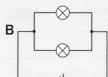

　A

　B

(4) 一方の豆電球を外すと，もう一方の豆電球の
明かりが消えるのは，**A・B**どちらの回路か。

技術は好き！

65

27 回路に流れる電流

直列回路・並列回路に流れる電流

なぜ学ぶの？

豆電球を直列につないだときと並列につないだときで、豆電球の明るさはちがうよ。直列回路と並列回路で、電流の流れ方のイメージをしっかりもっておくと、この単元が理解しやすくなるよ。

1 電流は川を流れる水の量のイメージ！

●**電流**…電気の流れ。電源装置の**＋極から−極に向かう向き**に流れる。
└ 電流が大きいほど豆電球が明るくつくなど、電流のはたらきが大きい。

単位は**アンペア（A）**。
└ 1アンペアの1000分の1を1ミリアンペア（mA）という。

●**直列回路**…回路の**どの点でも電流の大きさは同じ**である。

これが
大事！
$$I = I_1 = I_2 = I_3 = I'$$

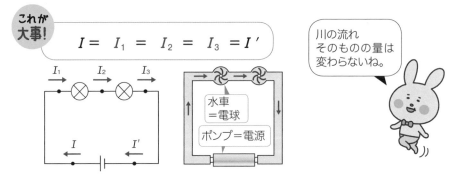

川の流れそのものの量は変わらないね。

●**並列回路**…**枝分かれする前の電流の大きさ**は、**枝分かれしたあとの電流の大きさの和**と等しい。

これが
大事！
$$I = I_1 + I_2 = I'$$

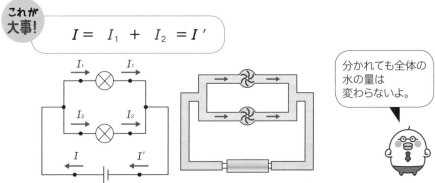

分かれても全体の水の量は変わらないよ。

ゼッタイ！これだけ

●**直列回路**：電流の大きさはどの点でも同じ。
●**並列回路**：枝分かれする前の電流の大きさ
　→枝分かれしたあとの電流の大きさの和

練習問題 →解答は別冊 p.10

① 次の文の ___ にあてはまることばを書きなさい。

(1) 電流の大きさは，___（A）という単位を使う。

(2) ___ 回路では，回路のどの点でも電流の大きさは同じになる。

(3) ① ___ 回路では，枝分かれする前の電流の大きさは，枝分かれしたあとの電流の大きさの② ___ に等しく，再び合流したあとの電流の大きさとも等しい。

② 右の回路図について，次の問いに答えなさい。ただし，豆電球は同じものとする。

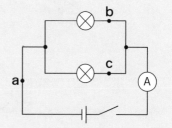

(1) 右の回路は，直列回路，並列回路のどちらか。

___

(2) 電流計が600mAを示すとき，**点a〜点c**を流れる電流の大きさはそれぞれ何mAか。

流れるプールっていいよね。

点a ___　　　点b ___

点c ___

これも！
プラス **電流計ははかりたい部分に直列につなぐ！**

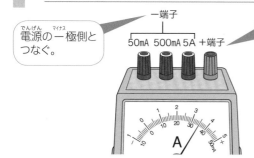

でんげん マイナス
電源の－極側とつなぐ。

－端子

50mA 500mA 5A ＋端子

電源の＋極側とつなぐ。

電流の大きさが予想できないときは，**いちばん大きい電流がはかれる**５Ａの－端子につなぐ。

28 回路に加わる電圧
直列回路・並列回路に加わる電圧

 なぜ学ぶの?
乾電池1個のときよりも，2個を直列につないだときのほうが，豆電球が明るくなるよ。これは回路に電流を流そうとするはたらきが大きいからなんだ。電流を流そうとするはたらきをイメージできるようにするよ。

1 電圧は流れる川の落差のイメージ!

●**電圧**…**電流を流そうとする**はたらき。単位は**ボルト（V）**。

　　　電圧が大きいほど，回路に**電流を流そうとするはたらきが大きい**。

●**直列回路**…**各区間に加わる電圧**の大きさの和は，**電源の電圧**の大きさと等しい。

これが大事! $V = V_1 + V_2 = V'$

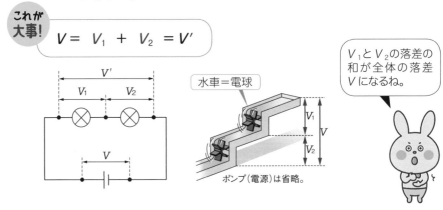

V_1とV_2の落差の和が全体の落差Vになるね。

水車＝電球

ポンプ（電源）は省略。

●**並列回路**…**各区間に加わる電圧**の大きさは同じで，**電源の電圧**の大きさと等しい。

これが大事! $V = V_1 = V_2 = V'$

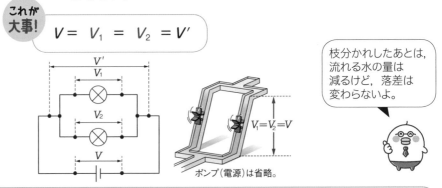

枝分かれしたあとは，流れる水の量は減るけど，落差は変わらないよ。

$V_1 = V_2 = V$

ポンプ（電源）は省略。

 ゼッタイこれだけ
●直列回路：各区間の電圧の大きさの和＝電源の電圧の大きさ
●並列回路：各区間の電圧の大きさ＝電源の電圧の大きさ

練習問題 →解答は別冊 p.10

① 次の文の ▢ にあてはまることばを書きなさい。

(1) 電圧の大きさは, ▢（V）という単位を使って表される。

(2) ▢ 回路では, 各区間に加わる電圧の大きさの和は, 電源の電圧の大きさと等しい。

(3) ▢ 回路では, 各区間に加わる電圧の大きさは同じで, 電源の電圧の大きさと等しい。

② 右の回路図について, 次の問いに答えなさい。ただし, 豆電球は同じものとする。

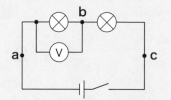

(1) 右の回路は, 直列回路, 並列回路のどちらか。

▢

(2) 電圧計が3Vを示すとき, **ab間**, **bc間**, **ac間**に加わる電圧の大きさはそれぞれ何Vか。

ab間 ▢ **bc間** ▢

ac間 ▢

水車って見たことある?

 電圧計ははかりたい区間に並列につなぐ!

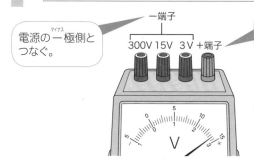

電源の－極側とつなぐ。

－端子
300V 15V 3V ＋端子

電源の＋極側とつなぐ。

電圧の大きさが予想できないときは, **いちばん大きい電圧がはかれる**300Vの－端子につなぐ。

29 電流と電圧の関係
オームの法則

なぜ学ぶの?

電流は電気の流れ、電圧は電流を流そうとするはたらきだったね [p.68]。電圧と電流の関係はどうなっているのかな。式で表せるようにするよ。

1 電圧は電流に比例し、電圧÷電流を抵抗という!

これが大事!

●オームの法則…電流の大きさは、加わる電圧の大きさに比例する。
●抵抗（電気抵抗）…電流の流れにくさ。単位はオーム（Ω）。

$$電圧〔V〕＝抵抗〔Ω〕×電流〔A〕$$

$$抵抗〔Ω〕＝\frac{電圧〔V〕}{電流〔A〕} \qquad 電流〔A〕＝\frac{電圧〔V〕}{抵抗〔Ω〕}$$

例　下の図のような回路で、加えた電圧と流れた電流の関係を調べると次のグラフが得られた。

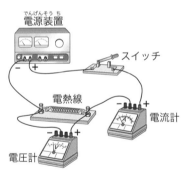

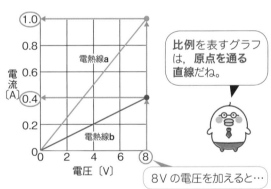

比例を表すグラフは、原点を通る直線だね。

8Vの電圧を加えると…

(1) 電熱線**a**, **b**の抵抗の大きさは何Ωか。

解き方　電熱線**a**の抵抗は、8Vの電圧を加えると1.0Aの電流が流れるので、

$$\frac{8V}{1.0A}＝8Ω$$

電熱線**b**の抵抗は、$\frac{8V}{0.4A}＝20Ω$

(2) 電熱線**b**に12Vの電圧を加えると、何Aの電流が流れるか。

解き方　電熱線**b**の抵抗は20Ωより、

$電流＝\frac{電圧}{抵抗}$ にあてはめて、

$$\frac{12V}{20Ω}＝0.6A$$

ゼッタイ！これだけ

●オームの法則：電流の大きさは電圧の大きさに比例
●抵抗は電流の流れにくさ、電圧〔V〕＝抵抗〔Ω〕×電流〔A〕

練習問題 →解答は別冊 p.10

1 次の文の　　　　にあてはまることばを書きなさい。

(1) 電熱線などを流れる電流の大きさは，電熱線などに加わる電圧の大きさに

① 　　　　　　　する。これを② 　　　　　　　　　の法則という。

(2) 電流の流れにくさを① 　　　　　　　といい，② 　　　　　　　（Ω）

という単位で表される。

(3) 電熱線に1Vの電圧をかけて1Aの電流が流れたとき，この電熱線の抵抗

は　　　　　　　である。

2 図1のような回路で，電熱線に流れる電流と電圧の関係を調べた。図2はその結果である。

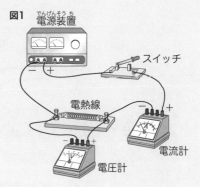

図1

(1) 電熱線に加わる電圧と電熱線に流れる電流の大きさの間にはどのような関係があるか。

(2) 電熱線の両端に8Vの電圧を加えたとき，何Aの電流が流れるか。

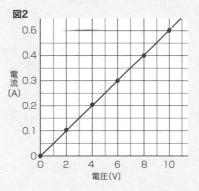

図2

(3) 電熱線の抵抗は何Ωか。

(4) この電熱線に12Vの電圧を加えたとき，何Aの電流が流れるか。

ひと休みして，散歩にいこうかな。

30 直列回路・並列回路の抵抗
直列回路・並列回路の全体の抵抗

なぜ学ぶの？

直列回路と並列回路の電流と電圧の関係をまとめるよ。2つの回路で全体の抵抗がどうなっているか，関係を式で表したり，抵抗を求めたりできるようにするよ。

1 直列回路では全体の抵抗はたし算になる！

これが大事！

全体の抵抗をR，それぞれの電熱線の抵抗をR_1，R_2とすると，

直列回路：$R = R_1 + R_2$

和

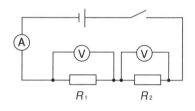

例 $R_1 = 10Ω$，$R_2 = 15Ω$のとき，全体の抵抗は，
　　$10Ω + 15Ω = 25Ω$

2 並列回路では全体の抵抗は電熱線の抵抗より小さい！

これが大事！

全体の抵抗をR，それぞれの電熱線の抵抗をR_1，R_2とすると，

並列回路：$\dfrac{1}{R} = \dfrac{1}{R_1} + \dfrac{1}{R_2}$

逆数の和

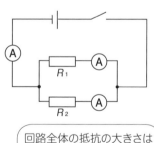

回路全体の抵抗の大きさはそれぞれの電熱線の抵抗より小さいよ。

例 $R_1 = 10Ω$，$R_2 = 15Ω$のとき，$\dfrac{1}{10} + \dfrac{1}{15} = \dfrac{5}{30} = \dfrac{1}{6}$より，

　　全体の抵抗は6Ω

ゼッタイ！これだけ

● 直列回路の全体の抵抗 → 各電熱線の抵抗の大きさの和
● 並列回路の全体の抵抗 → 各電熱線の抵抗の大きさよりも小さい

練習問題 →解答は別冊 p.10

❶ 次の文の　　　　にあてはまることばを書きなさい。

(1) 直列回路では，回路全体の抵抗の大きさは，それぞれの電熱線の抵抗の

大きさの　　　　　　　　　になる。

(2) 並列回路では，回路全体の抵抗の大きさは，それぞれの電熱線の抵抗の

大きさよりも　　　　　　　　　なる。

❷ 図1は直列回路，図2は並列回路を表している。

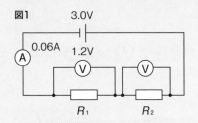

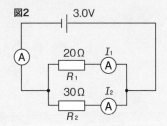

(1) **図1**について

　① R_1，R_2の抵抗の大きさはそれぞれ何Ωか。

R_1　　　　　　　　　　　　　R_2

　② 回路全体の抵抗は何Ωか。

(2) **図2**について

　① I_1，I_2はそれぞれ何Aか。

I_1　　　　　　　　　　　　　I_2

　② 回路全体の抵抗は何Ωか。

計算が多く
大変だったよ。

31 電流のはたらきを表す量

電力と電力量

なぜ学ぶの?

電気製品を見ると，小さく100V－1000Wとか書いてあるね。これがどういう意味なのか学ぶよ。身近な電気製品がどのくらい電気を使うか，自分がどのくらい使っているかがわかるよ。電気は大切だもんね。

1 電気器具についているワットは能力の大きさ！

- ●電気エネルギー…光や熱，音などを発生させたり，物体を動かしたりする電流がもっている能力。
- ●電力…1秒間に消費される電気エネルギーの大きさを表す値。
  単位はワット（W）。

これが大事!

$$電力〔W〕=電圧〔V〕×電流〔A〕$$

 例 100Vの電圧で10Aの電流が流れる電気器具が消費する電力は，

100V×10A＝1000W

100Vの電源につなぐと，1000Wの電力を消費するよ。

100 V － 1000 W

2 長時間使うほど使われる電気エネルギーが大きい！

- ●電力量…電流が消費した電気エネルギーの総量。単位はジュール（J）。

これが大事!

$$電力量〔J〕=電力〔W〕×時間〔s〕$$
$$=電圧〔V〕×電流〔A〕×時間〔s〕$$

例 1000Wのドライヤーを60秒使うと，1000W×60s＝60000J

ゼッタイ!
これだけ

- ●1秒間に消費した電気エネルギー：電力〔W〕=電圧〔V〕×電流〔A〕
- ●電流が消費した電気エネルギーの総量：電力量〔J〕=電力〔W〕×時間〔s〕

練習問題 →解答は別冊 p.11

❶ 次の文の ____ にあてはまることばを書きなさい。

(1) 1秒間に消費される電気エネルギーの大きさを① ____ といい，

② ____ （W）という単位を使って表される。

(2) 電力〔W〕＝① ____ ×② ____

(3) 電流が消費した電気エネルギーの総量を ____ （J）という。

(4) 電力量〔J〕＝① ____ ×② ____

❷ 次のA〜Cのような電気器具がある。

    A 100Vで2Aの電流が流れる電気器具。
    B 100Vで7Aの電流が流れる電気器具。
    C 100Vで12Aの電流が流れる電気器具。

(1) 電気器具**A〜C**が消費する電力をそれぞれ求めなさい。

    A ____   **B** ____   **C** ____

(2) 電気器具**A〜C**を10分間使ったときの電力量は，
そのれぞれ何Jか。

    A ____   **B** ____

    C ____

ボクも省エネ中！

これも！プラス 電力量の単位にはワット時（Wh）などもある！

● 電力量の単位には，**ワット時（Wh）**や**キロワット時（kWh）**もある。
● 1Whとは，1Wの電力で1時間，電気器具を使ったときの電力量。
● 1000Wh＝1kWh

32 電流による発熱

熱量

なぜ学ぶの？

電気ポットは，電流を流したときに出る熱を利用してお湯を沸かしているよ。100V－1000Wと書かれた電気ポットと100V－1200Wと書かれた電気ポットではお湯をわかすのにかかる時間がちがうんだよ。買うときに注意したいね。

1 電力が大きいと熱量も大きくなる！

●**熱量**…電熱線などに電流を流したときに発生する熱の量。
熱量の単位は**ジュール**（J）。
└1Wの電力で1秒間電流を流したときに発生する熱量が1J。

これが
大事！

熱量〔J〕＝電力〔W〕×時間〔s〕
└電力量と同じ単位。　　　　　　└秒

例 1000Wの電気ポットを1分間使うと，1000W×60s＝60000J
└60秒

電流による発熱量を調べる実験

右の図のような回路で，電熱線の両端にいろいろな大きさの電圧を加えたときの水温を測定する。

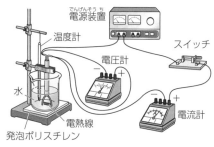

電源装置
温度計
電圧計
スイッチ
水
電熱線
発泡ポリスチレン
電流計

結果

●**時間と水の上昇温度の関係**

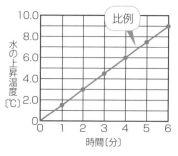

比例

水の上昇温度〔℃〕
時間〔分〕

●**電力と水の上昇温度の関係**

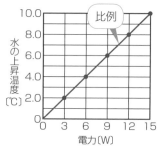

比例

水の上昇温度〔℃〕
電力〔W〕

ゼッタイ！
これ
だけ

●熱量：電流を流したときに発生する熱の量
●熱量〔J〕＝電力〔W〕×時間〔s〕

練習問題 →解答は別冊 p.11

① 次の文の ____ にあてはまることばを書きなさい。

(1) 電流を流したときに発生する熱の量を① ____ といい,

② ____ （J）という単位で表される。

(2) ____ Wの電力で1秒間電流を流したときに発生する熱量<ruby>熱量<rt>ねつりょう</rt></ruby>を1Jという。

(3) 電熱線の両端に電流を流し，水を加熱したとき，水の上昇温度<ruby>上昇温度<rt>じょうしょうおんど</rt></ruby>は時間に

① ____ する。電熱線の両端に電流を流し，水を加熱したとき，

水の上昇温度は電力<ruby>電力<rt>でんりょく</rt></ruby>に② ____ する。

(4) 熱量〔J〕＝① ____ ×② ____

② 次の2つの電気ポットの熱量を比べた。

A 100V－1000Wと書かれた電気ポット
B 100V－1200Wと書かれた電気ポット

(1) 100Vの電源<ruby>電源<rt>でんげん</rt></ruby>につないだとき，電気ポット**A**，**B**にはそれぞれ
何Aの電流が流れるか。

　　　　　A ____ 　　　　　**B** ____

(2) 1分間電流を流したとき，電気ポット**A**，**B**から発生した熱量はそれぞれ
何Jか。

　　　　　A ____ 　　　　　**B** ____

(3) 電気ポット**A**，**B**どちらの水が先に沸騰<ruby>沸騰<rt>ふっとう</rt></ruby>するか。

____

やったー！
計算は
ここまで。

33 電気の性質
静電気

なぜ学ぶの？

冬になってドアノブをさわった瞬間にパチっとくるのと，雷でいなずまが光るのは同じ現象なんだ。電気は回路の中だけでなく，身近にもあることを知ろう。

1 電気には＋と－の2種類がある！

●静電気…物体にたまった電気。**物体を摩擦したとき**に発生する。

これが
大事！

電気の性質
❶電気には**＋と－**がある。
❷**同じ種類の電気（＋と＋，－と－）はしりぞけ合う力**がはたらく。
❸**ちがう種類の電気（＋と－）は引き合う力**がはたらく。

静電気のはたらきを調べる実験

❶ストローA，Bをティッシュペーパーでよくこする。

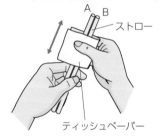

A B
ストロー

ティッシュペーパー

こすると，静電気ができるんだね。

❷水平にとめたストローAにストローBを近づける。

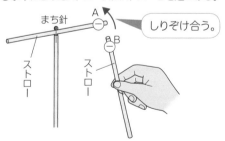

まち針

ストロー　ストロー

しりぞけ合う。

ストローA，Bは同じ種類の電気を帯びている。

❸ストローAにティッシュペーパーを近づける。

引き合う。

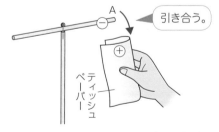

ティッシュペーパー

ストローAとティッシュペーパーは**ちがう種類の電気を帯びている**。

ゼッタイ！
これ
だけ

●同じ種類の電気（＋と＋，－と－）→しりぞけ合う
●ちがう種類の電気（＋と－）→引き合う

練習問題 →解答は別冊 p.11

❶ 次の文の ▢ にあてはまることばを書きなさい。

(1) 2種類の物体を摩擦したときに発生する電気を ▢ という。

(2) 電気には① ▢ と② ▢ の2種類がある。

(3) 同じ種類の電気（＋と＋，－と－）の間には ▢ 力がはたらく。

(4) ちがう種類の電気（＋と－）の間には ▢ 力がはたらく。

❷ 身のまわりには，静電気によるさまざまな現象が起こっている。

(1) プラスチックの下じきで髪の毛をこすってから下じきを少し上に持ち上げると，髪の毛が下じきに引きつけられた。下じきが－の電気をもっているとすると，髪の毛は＋・－のどちらの電気をもっているか。

▢

(2) 右の図のように，細かくさいたポリエチレンのひもをクッキングペーパーでこすったら，さいたひもが大きく広がった。
さいたひもの1本が－の電気をもっているとすると，残りのひもは＋・－のどちらの電気をもっているか。

▢

クッキングペーパー

ふわふわ
見てると
ねむけが…

34 電流の正体，放射線
放電・放射線

なぜ学ぶの？

ここでは，電流とは何かイメージできるようにするよ。このイメージがもてると，電流への理解がぐっと深まるよ。

1 電流は−の電気をもった小さな粒子，電子の流れ！

これが大事！

● 電流の正体…電子の流れ。
　└ 質量をもつ非常に小さな粒子で，−の電気をもつ。

● 放電…電気が**空間を移動**したり，**たまった電気が流れ出し**たりする現象。

電流の正体を調べる実験

真空放電管（クルックス管）
真空に近い状態のガラス管中に，蛍光板などを入れ，放電を見やすくしたもの。

電子線（陰極線）
高電圧を加えたときに，−極から出る明るい線。

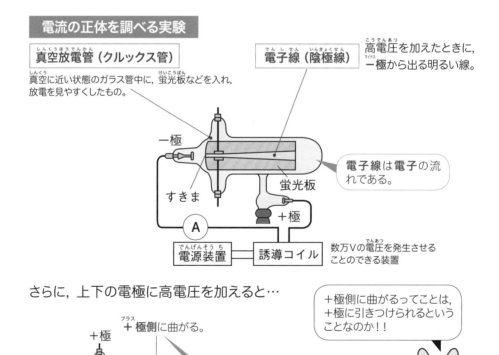

一極

すきま

蛍光板

＋極

電子線は電子の流れである。

A

電源装置　　誘導コイル

数万Vの電圧を発生させることのできる装置

さらに，上下の電極に高電圧を加えると…

＋極側に曲がる。

一極

一極　　＋極

電子は−の電気をもっている。

＋極側に曲がるってことは，＋極に引きつけられるということなのか！！

ゼッタイ！これだけ

● 電流の正体：−の電気をもった電子
● 電子→−極側から＋極側へ移動する

練習問題 →解答は別冊 p.12

① 次の文の　　　　　にあてはまることばを書きなさい。

(1) 電気が空間を移動したり，たまった電気が流れ出したりする現象を

　　　　　　という。

(2) 真空放電管（クルックス管）に①　　　　　　　　で高電圧をかけると，

② 　　　　　極から③　　　　　　　という明るい線が出てくる。

(3) 電子線（陰極線）は，① 　　　　　　　とよばれる② 　　　　　の電

気をもった小さな粒子の流れである。

(4) 真空放電管の上下の電極に電圧を加えると，電子線は　　　　　　極側

に曲がる。

② 右の図のような装置を使って，高電
圧をかけると明るい線が見られた。

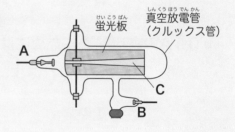

蛍光板　真空放電管（クルックス管）

(1) 電極**A**，**B**はそれぞれ＋極・－極のど
ちらか。

A　　　　　　**B**　　　　　

(2) 明るい線**C**を何というか。

冬の放電，こわいよ～！

放射能とは放射線を出す能力！

●**放射線**…X線， α線， β線， γ線などがあり**自然界にも存在**する。
└レントゲン検査に利用される。

●放射線を出す物質を**放射性物質**，放射性物質が放射線を出す能力を**放射能**という。

おさらい問題 26 〜 34

① 右の図は，電熱線の両端にかかる電圧と電熱線を流れる電流の関係を表したものである。

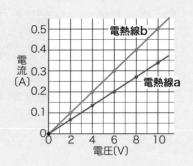

(1) 右の図から，電圧と電流にはどのような関係があることがわかるか。

(2) (1)のような関係にあることを何とよぶか。

(3) 両端に6Vの電圧をかけたとき，**電熱線a・電熱線b**にはそれぞれ何Aの電流が流れるか。

電熱線a 　　　　　　　　　　 電熱線b

(4) 0.1Aの電流を流すためには，**電熱線a・電熱線b**の両端にそれぞれ何Vの電圧をかければよいか。

電熱線a 　　　　　　　　　　 電熱線b

(5) 抵抗が大きいのは，**電熱線a・電熱線b**のどちらか。記号で答えなさい。

② **オームの法則を使って，次の問いに答えなさい。**

(1) *V*を求めなさい。

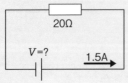

(2) *I*を求めなさい。

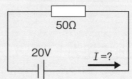

(3) *R*を求めなさい。

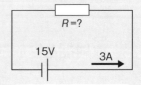

❸ 電力量について，次の問いに答えなさい。

(1) 次の場合の電力量は，それぞれ何Whか。

① 100Wの電力で10時間電気器具を使用したとき

② 10Wの電力で8時間電気器具を使用したとき

(2) 1000Wのエアコンを1日5時間ずつ，2週間使った。このときの電力量は何kWhになるか。

(3) 20Ωの電熱線を6Vの電源装置につないで，30秒間使った。このときの電力量は何Jか。

❹ 図1のような装置を使って，電極A・Bに高電圧を加えると電子線が見られた。

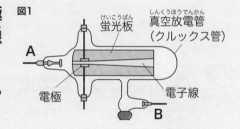

図1　蛍光板　真空放電管（クルックス管）　A　電極　電子線　B

(1) − 極は，電極A・Bのどちらか。

(2) 電流はA→B，B→Aのどちらの向きに流れているか。

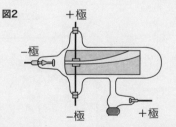

図2　+極　−極　−極　−極　+極

(3) 図2のように，上下の電極に電圧を加えると，電子線は+極のほうへ曲がった。その理由を簡単に答えなさい。

35 電流がつくる磁界

電流と磁界

  くぎなどに導線を何回も巻きつけて電流を流すと，電磁石ができるよ。模型用モーターにはこの電磁石が使われているよ。モーターのしくみを理解するため，まず電磁石について学ぶよ。

1 電流のまわりには方位磁針を動かす力がはたらいている!

●磁力…磁石による力。

●磁界…磁力のはたらく空間。
  └ 方位磁針のN極がさす向きが磁界の向き。

●磁力線…磁界のようすを表した線。
  └ 磁力線の間隔がせまいほど磁界が強い。

磁界の強さは**電流が大きいほど，導線に近いほど強い**んだ。

これが大事!

電流の向き / 磁力線 / 磁界の向き

ねじが進む向き ➡**電流の向き**

ねじが回る向き ➡**磁界の向き**

2 コイルを流れる電流によって電磁石ができる!

これが大事!

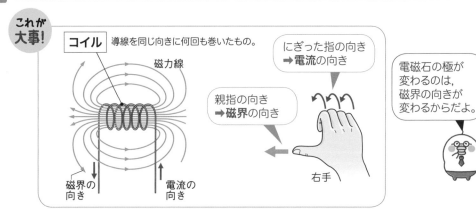

コイル 導線を同じ向きに何回も巻いたもの。

磁力線 / 磁界の向き / 電流の向き

にぎった指の向き ➡**電流の向き**

親指の向き ➡**磁界の向き**

右手

電磁石の極が変わるのは，磁界の向きが変わるからだよ。

ピッタリ これだけ

●電流の向き→ねじが進む向き，磁界の向き→ねじが回る向き

●右手の親指以外の**4本の指**→電流の向き，親指の向き→磁界の向き

練習問題 →解答は別冊 p.13

❶ 次の文の 　　　 にあてはまることばを書きなさい。

(1) 磁石による力を 　　　　　　 という。

(2) 磁力のはたらく空間を 　　　　　　 という。

(3) 方位磁針の 　　　　　　 のさす向きを磁界の向きという。

(4) 磁界のようすを表した線を① 　　　　　　 といい, 間隔がせまいほど
磁界が② 　　　　　　 。

(5) ねじの進む向きに① 　　　　　　
の向きを合わせると, ねじの回る向き
に② 　　　　　　 ができる。

電流の向き
磁界の向き

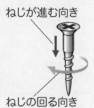
ねじが進む向き
ねじの回る向き

(6) ① 　　　　　　 の親指以外の4本の指を, コイルを流れる電流の向き
に合わせると, のばした親指の向きが② 　　　　　　 の向きになる。

**❷ 右の図は, コイルに電流を流したときに
できる磁界のようすを表したものである。**

(1) 磁界のようすを表した線を何というか。

　　　　　　

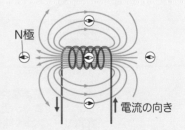
N極
電流の向き

(2) 方位磁針のN極のさす向きは何を表して
いるか。

目がまわり
そうだ…

36 モーターのしくみ
電流が磁界から受ける力

なぜ学ぶの？

電磁石のしくみがわかったら，いよいよモーターのしくみだ。モーターは洗濯機や掃除機，ドライヤーなど，いろいろなところに使われているんだよ。

1 磁界の中のコイルを流れる電流は磁界から力を受ける！

これが大事！

電流が磁界から受ける力の向きは…
- **電流の向きを逆にする。** ➡ 力の向きは逆になる。
- **磁界の向きを逆にする。** ➡ 力の向きは逆になる。
- 電流と磁界の向きを両方逆にする。 ➡ 逆の逆で**向きは同じになる。**

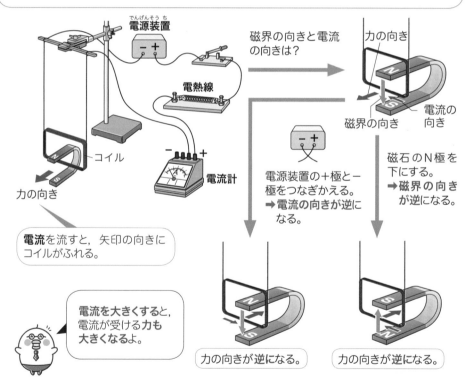

電源装置

磁界の向きと電流の向きは？

力の向き

電熱線

磁界の向き

電流の向き

コイル

電流計

電源装置の＋極と－極をつなぎかえる。
➡ 電流の向きが逆になる。

磁石のN極を下にする。
➡ 磁界の向きが逆になる。

力の向き

電流を流すと，矢印の向きにコイルがふれる。

電流を大きくすると，電流が受ける力も**大きくなる**よ。

力の向きが逆になる。　　力の向きが逆になる。

- ●モーターの内部には**コイルと磁石があり，電流が磁界から受ける力を利用**して，コイルが連続的に回転する。

ゼッタイ！これだけ

- ●**電流の向き**または**磁界の向き**を逆にする→力の向きが逆になる
- ●電流を大きくする→電流が受ける力も大きくなる

練習問題 →解答は別冊 p.13

① **次の文の　　　　にあてはまることばを書きなさい。**

(1) 磁界(じかい)の中にあるコイルに電流を流すと，　　　　　　　　が磁界から力を

受けて，コイルがふれる。

(2) 電流の向きを逆向きにすると，磁界から電流が受ける力の向きは

　　　　　　　向きになる。

(3) 磁石(じしゃく)のN極とS極を入れかえると，磁界の向きが① 　　　　　　　向き

になり，電流が磁界から受ける力の向きは② 　　　　　　　向きになる。

(4) 電流を大きくすると，電流が受ける力は　　　　　　　なる。

(5) 　　　　　　　は，電流が磁界から受ける力を利用して，コイルが連続

的に回転する装置である。

② **右の図のような装置を組み立てて，
電流を流すと，コイルが矢印の向き
に動いた。**

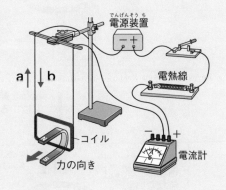

(1) 電流が流れる向きは，
a・bのどちらか。

(2) 電流の向きを逆にすると，コイルの動
く向きはどうなるか。

(3) 磁石のN極とS極を入れかえると，
コイルの動く向きはどうなるか。

裏の裏は表…
逆の逆は同じ…

37 発電機のしくみ
電磁誘導

なぜ学ぶの?

手回し発電機の内部にはモーターが入っているんだ。ハンドルを回すとモーターが回って発電できるんだけど, どのようなしくみで電気をつくることができるのかに注目してみよう。災害のときに役立ちそうだね。

1 コイルと磁石を組み合わせると電流をつくり出せる!

これが大事!

●**電磁誘導**…コイルの中の**磁界が変化**すると, 磁界の変化に応じた電圧が生じ, コイルに**電流が流れる**現象。
└ 電磁誘導によって生じた電流を誘導電流という。

●**発電機**…発電機内部のコイルを回転させて磁界を変化させ, 電流を流す。

発電のしくみを調べる実験

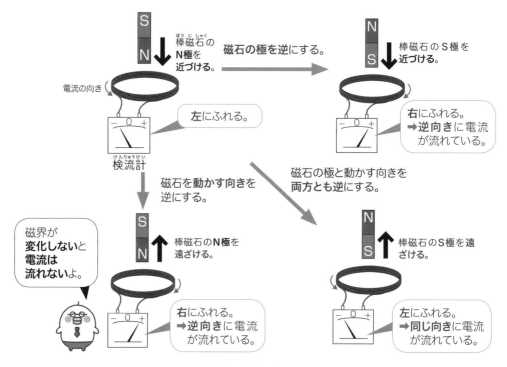

ゼッタイ!これだけ

●**電磁誘導:磁界が変化すると誘導電流が流れる現象**
●**磁石の極か動かす向きのどちらかを逆に→誘導電流の向きが逆になる**

練習問題 →解答は別冊 p.13

① **次の文の ▢ にあてはまることばを書きなさい。**

(1) コイルの中の磁界が変化すると，磁界の変化に応じた電圧(でんあつ)が生じて，

コイルに電流が流れる現象を ▢ という。

(2) 電磁誘導(でんじゆうどう)によって生じた電流を ▢ という。

② **コイルの上端に棒磁石(ぼうじしゃく)のN極を近づけると，図1のような向きに電流が流れた。**

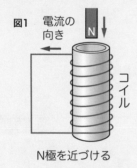

図1 電流の向き

N極を近づける

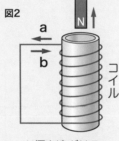

図2

N極を遠ざける

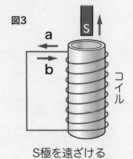

図3

S極を遠ざける

(1) このような現象を何というか。 ▢

(2) **図2，図3では，電流はそれぞれa，bどちらの向きに流れるか。**

図2 ▢ 　　　図3 ▢

あとはおさらいだけ。ボクってば天才！！

これも！プラス 誘導電流(ゆうどうでんりゅう)の大きさは磁石の速さや磁力(じりょく)，コイルの巻数で変わる

● 磁石をはやく動かす…コイルの中の磁界をはやく変化させるので，誘導電流が大きい。

● 磁石の磁力が強い…誘導電流が大きい。

● コイルの巻数が多い…誘導電流が大きい。

➡解答は別冊 p.13

おさらい問題 35 ～ 37

1 図1で，コイルに矢印の向きの電流を流したとき，A〜Cの位置に置いた方位磁針の針のようすを，図2のア〜エから1つずつ選び，記号で答えなさい。

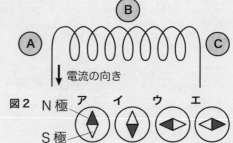

図1

図2

A 〔　　　〕　　　B 〔　　　〕

C 〔　　　〕

2 右の図のような装置に電流を流したところ，コイルが矢印 (➡) の向きにふれた。

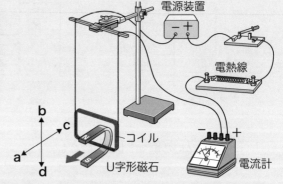

(1) 電流の向きを逆にすると，コイルはa〜dのどの向きにふれるか。〔　　　〕

(2) U字形磁石をS極が上になるように置くと，コイルはa〜dのどの向きにふれるか。ただし，電流の向きは図のとおりとする。

〔　　　〕

(3) コイルのふれを大きくするためには，どのような方法があるか。次のア〜エからすべて選び，記号で答えなさい。

〔　　　〕

ア 電流を大きくする。

イ 電流を小さくする。

ウ 磁力が強い磁石に変える。

エ 磁力が弱い磁石に変える。

❸ 右の図のように，棒磁石をコイルに近づけたり遠ざけたりしたときの検流計の針の動きを調べた。実験では，棒磁石のN極がコイルに近づくと，検流計の針が＋の側にふれた。

棒磁石

検流計

(1) 右の図で，棒磁石のN極がコイルに近づくと，検流計の針がふれ，コイルに**電流**が流れた。このような**現象**を何というか。また，このとき，コイルに流れた**電流**を何というか。

現象 [   ]   電流 [   ]

(2) 次の場合，検流計の針はそれぞれどのようにふれるか。下の**ア〜ウ**から1つずつ選び，記号で答えなさい。

① N極を遠ざける。

② N極をコイルに近づけたままの状態を保つ。

③ S極を近づける。

④ S極を遠ざける。

ア ＋の側にふれる。   **イ** −の側にふれる。

ウ 0をさしたまま，どちら側にもふれない。

(3) 検流計の針のふれを大きくするためには，どのような方法があるか。次の**ア〜カ**から適切なものをすべて選び，記号で答えなさい。

ア 棒磁石を強い磁力のものに変える。

イ 棒磁石を弱い磁力のものに変える。

ウ 棒磁石をゆっくり動かす。   **エ** 棒磁石をはやく動かす。

オ コイルの巻数を少なくする。   **カ** コイルの巻数を多くする。

38 大気による圧力

圧力・大気圧

雪の上に立つと足が沈んでしまうけど，スノーボードやスキーを使うと雪に沈まないね。これには圧力が関係しているよ。空気からも圧力がはたらいていて，これが天気に関係しているよ。

1 同じ力でも面積が小さいほど圧力が大きくなる！

● 圧力…一定面積あたりの面を垂直におす力の大きさ。

単位は，**パスカル (Pa)** や**ニュートン毎平方メートル (N/m²)** など。

└─ $1Pa = 1N/m^2$

● **大気圧 (気圧)**…**大気**による圧力。単位は**ヘクトパスカル (hPa)**。

└─ 地球をとり巻く空気の層。   └─ $1hPa = 100Pa$

これが 大事！

$$圧力 (Pa) = \frac{力の大きさ (N)}{力がはたらく面積 (m^2)}$$

力が大きいほど圧力は大きい。

面積が小さいほど圧力は大きい。

例 右のような直方体にはたらく重力の大きさが２Nのとき，直方体が面をおす圧力はいくらか。

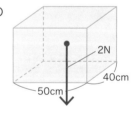

解き方 直方体の底面積は，

50cm×40cm＝0.5m×0.4m＝0.2m²

直方体には２Nの重力がはたらいているので，

$$\frac{2N}{0.2m^2} = 10N/m^2 = 10Pa$$

高い場所のほうがその上空にある空気が少ないから，気圧は低くなるんだ。

上にある大気の重さが大きい。

上にある大気の重さが小さい。

約640hPa
富士山山頂

約1013hPa
＝１気圧

海面

ゼッタイ！ これだけ

● 圧力＝力の大きさ〔N〕÷力がはたらく面積〔m²〕

● 大気圧：上空にいくほど小さくなる

練習問題 →解答は別冊 p.14

❶ 次の文の ____ にあてはまることばを書きなさい。

(1) 一定面積あたりの面を垂直におす力の大きさを① ____ といい，

② ____ （Pa）や

③ ____ （N/m²）という単位で表さ

れる。

(2) 1 Pa ＝ ____ N/m²

(3) 圧力〔Pa〕＝ $\dfrac{\text{力の①}\ \boxed{}}{\text{力がはたらく②}\ \boxed{}}$

(4) 大気による圧力を ____ という。

(5) 大気圧（気圧）の単位は ____ （hPa）。

❷ 右の図のような質量400gの直方体の物体をスポンジの上に置いた。

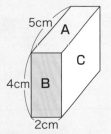

(1) この物体の重さは何Nか。ただし，100gの物体にはたらく重力の大きさを1Nとする。

____

(2) スポンジがもっともへこむのは，A～Cのどの面を下にして置いたときか。

____

(3) (2) のとき，スポンジが受ける圧力は何Paか。また，それは何N/m²か。

____ Pa ____ N/m²

地球編なのに
計算問題！！

39 気圧と風
高気圧と低気圧

なぜ学ぶの?

実は地表付近の大気圧は均一でなく，まわりよりも高いところや低いところがあるんだ。それが天気に大きく関係しているよ。ここでは，まず天気の表し方と風のふき方に注目しよう。

1 くもりは空の9割以上が雲でおおわれた状態！

これが大事!
●雲量…**空全体を10としたときに雲が空をしめる割合。**

雲量と天気（雨や雪が降っていないとき）

天気	0〜1	2〜8	9〜10
雲量	快晴	晴れ	くもり

天気記号

快晴	晴れ	くもり	雨	雪
○	①	◎	●	⊗

天気図記号

例 北東の風・風力 4・天気 晴れ

風向 — 風がふいてくる方向。
風力
天気

2 風は高気圧から低気圧へ向かってふく！

これが大事!

	高気圧	低気圧
気圧	まわりより気圧が高い。	まわりより気圧が低い。
風の向き	時計回りに風がふき出す。	反時計回りに風がふきこむ。
気流	下降気流（下向き）	上昇気流（上向き）
中心付近の天気	晴れることが多い。	くもりや雨になりやすい。
風のふき方（北半球の場合）	上空の気流／下降気流／上昇気流／地上付近の風向／等圧線／▲高気圧／▲低気圧	

ゼッタイ！これだけ

●雲量→0〜1：快晴，2〜8：晴れ，9〜10：くもり

●高気圧→まわりより気圧が高い，晴れることが多い
　低気圧→まわりより気圧が低い，くもりや雨になりやすい

練習問題 →解答は別冊 p.14

① 次の文の ___ にあてはまることばを書きなさい。

(1) 雨や雪が降っていないとき，雲量が0〜1を① ___ ，2〜8を② ___ ，9〜10を③ ___ とする。

(2) 〇は① ___ ，①は② ___ ，◎は③ ___ ，●は④ ___ を表す天気記号である。

(3) 北半球では，① ___ のまわりでは，時計回りに風がふき出し，中心付近では② ___ が生じるため，晴れることが多い。

(4) 北半球では，① ___ のまわりでは，反時計回りに風がふきこみ，中心付近では② ___ が生じるため，くもりや雨になりやすい。

② 右の天気図記号が表す天気，風向，風力を答えなさい。

天気 ___ 風向 ___ 風力 ___

これも！プラス **天気図と等圧線！**

● 地図上に天気，気圧などの情報をかきこんだものを**天気図**といいます。

● 気圧は，気圧が等しいところを結んだ曲線（等圧線）で表します。

● 等圧線はふつう**4hPa**ごとに引き，**20hPa**ごとに**太い線**にします。

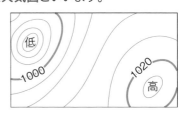

40 空気にふくまれる水蒸気の量

飽和水蒸気量と湿度

なぜ学ぶの？

空気には窒素や酸素，二酸化炭素以外に水蒸気がふくまれていて，どのくらい水蒸気がふくまれているかは湿度で表すよ。湿度を求められるようにしよう。

1 湿度は飽和水蒸気量に対する水蒸気量の割合！

●**飽和水蒸気量**…空気1 m³中にふくむことのできる**水蒸気の最大量。**飽和水蒸気量をこえる水蒸気は水滴になって出てくる。

┗━温度が高いほど，飽和水蒸気量が大きくなる。

●**露点**…空気中の水蒸気が冷やされて**水滴に変わるときの温度。**空気1 m³中の水蒸気量は**飽和水蒸気量と同じになる。**

●**湿度**…**空気の湿りぐあいを百分率（%）で表したもの。**

これが大事！

$$湿度〔%〕=\frac{空気1 m³中にふくまれる水蒸気量〔g/m³〕}{その温度での飽和水蒸気量〔g/m³〕}×100$$

例 下のグラフは，空気1 m³中に17.3gの水蒸気をふくんでいる空気の温度を下げていったときのようすを表したものである。

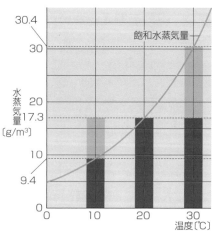

水蒸気量〔g/m³〕

30.4　30　20　17.3　10　9.4　0

飽和水蒸気量

温度〔℃〕　0　10　20　30

（1）気温30℃のときの湿度を求めなさい。

解き方 $\frac{17.3g/m³}{30.4g/m³}×100=56.9…$　**57%**

（2）この空気の露点は何℃か。

解き方 飽和水蒸気量が17.3g/m³になるときの温度なので，**20℃。**

（3）この空気の温度を10℃まで下げると，空気1 m³あたり，何gの水滴が出てくるか。

解き方 10℃の飽和水蒸気量は9.4g/m³より，17.3g/m³−9.4g/m³=**7.9g/m³**

ゼッタイ！これだけ

●**飽和水蒸気量**→気温が高いほど大きくなる

●**湿度：飽和水蒸気量に対する空気1 m³中の水蒸気量の割合を百分率（%）で表す**

練習問題 →解答は別冊 p.14

❶ 次の文の ____ にあてはまることばを書きなさい。

(1) 空気1m³中にふくむことのできる水蒸気の最大量を

____ という。

(2) 飽和水蒸気量は，気温が高くなると ____ なる。

(3) 空気中の水蒸気が水滴に変わるときの温度を ____ という。

(4) 湿度〔%〕 = $\dfrac{空気1m³中にふくまれる① ____ 〔g/m³〕}{その温度での② ____ 〔g/m³〕}$ ×100

❷ 下の図は，気温と飽和水蒸気量の関係を表したものである。1m³中に 23.0gの水蒸気をふくむ30℃の空気の温度を下げていった。

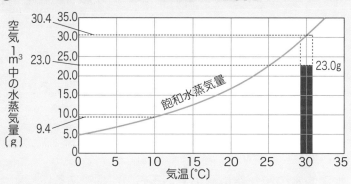

(1) この空気の露点は何℃か。 ____

(2) 空気の温度が10℃になったとき，空気1m³あたり 何gの水滴が出てくるか。 ____

(3) 気温30℃のときの湿度は何%か。四捨五入して整数で答えなさい。 ____

湿度が高いと，蒸し暑くていやだなあ。

41 雲のでき方

上昇する空気の温度の変化

なぜ学ぶの?

ここでは雲のでき方を学ぶよ。低気圧の中心付近では空気が上昇することと[p.94]，上空にいくほど気圧が低くなること[p.92]をもとに考えていくよ。

1 空気があたためられる→上昇→温度が下がる→雲になる!

これが大事!

雲のでき方

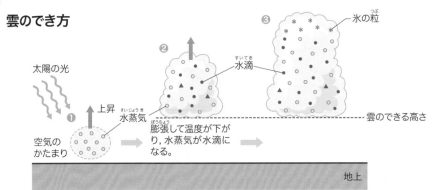

❶ 地表の空気のかたまりが太陽の光に**あたためられて**，**上昇**する。

❷ 上空は**気圧が低い**ので，空気のかたまりは**膨張する**。
　➡膨張すると空気の**温度は下がる**。
　➡空気のかたまりの**温度が下がって露点に達する**。
　➡**水蒸気の一部が水滴**になる。

❸ **水滴や氷の粒が空に浮いているもの**が雲である。水滴や氷の粒が成長すると，雨となって落ちてくる。

●**上昇気流**があるところでは，**雲が発達して**，**くもりや雨**になりやすい。
●**下降気流**があるところでは，**雲ができにくく**，晴れになることが多い。

ゼッタイ!これだけ

●雲のでき方:あたためられた空気が**上昇する**→上空の気圧が低いために膨張→気温が下がる→露点に達する→水蒸気が水滴になる→雲

練習問題 →解答は別冊 p.14

① 次の文の ____ にあてはまることばを書きなさい。

(1) あたためられた空気のかたまりは ____ する。

(2) 上空は気圧が① ____ ので，上昇する空気のかたまりは

② ____ する。すると，気温が③ ____ 。

(3) 空気のかたまりの温度が下がって ____ に達すると，水蒸気の

一部が水滴になり，雲ができる。

② 右の図は，雲ができるようすである。

(1) 地表であたためられた空気は上昇する。次の
文は，上昇した空気のかたまりに見られる変
化を説明したものである。 ____ にあては
まることばを答えなさい。
上空は気圧が低いため，空気のかたまりは
____ ① ____ して，温度が ____ ② ____ 。

① ____   ② ____

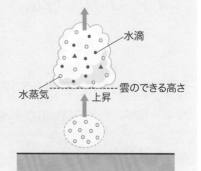

(2) 雲のできる高さでは，空気の温度は何に達し
ているか。

____

雲は水滴や
氷の粒, ボクは
甘いもので
できているよ。

これも！
プラス **上昇気流が生じるところ！**

地表の一部があたためられる

寒気と暖気がぶつかる

空気が山の斜面に沿って上昇

低気圧の中心付近

➡解答は別冊 p.14

おさらい問題 38 〜 41

① 右の図は，日本付近で，気圧の等しい地点をなめらかな曲線で結んだものである。

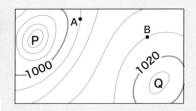

(1) 右の図の曲線を何というか。

(2) A，B地点の気圧はそれぞれ何hPaか。

A _____   B _____

(3) P，Qの中心付近には，それぞれ何とよばれる気流が生じているか。

P _____   Q _____

(4) P，Qの地表付近の風のようすは，どのようになっているか。次のア〜エから適切なものを1つずつ選び，記号で答えなさい。

P _____   Q _____

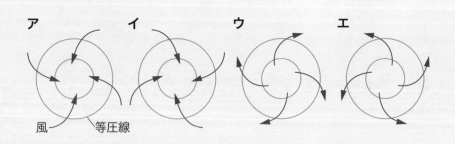

ア　イ　ウ　エ

風　等圧線

(5) P，Q付近の天気はそれぞれどのようになっていると考えられるか。次のア，イから1つずつ選び，記号で答えなさい。

P _____   Q _____

ア 晴れ　　イ くもりか雨

❷ 右の表は，それぞれの気温における飽和水蒸気量を表している。

気温(℃)	飽和水蒸気量(g/m³)
5	6.8
10	9.4
15	12.8
20	17.3
25	23.1
30	30.4

(1) 飽和水蒸気量とは何か。次の**ア**〜**ウ**から適切なものを1つ選び，記号で答えなさい。

ア 空気1m³中にふくまれる実際の水蒸気量。

イ 空気1m³中にふくまれる水蒸気の最小量。

ウ 空気1m³中にふくまれる水蒸気の最大量。

(2) 気温5℃，湿度50％の空気1m³中にふくまれている水蒸気量は何gか。

(3) 気温15℃の空気1m³中に9.4gの水蒸気がふくまれている。この空気の露点は何℃か。

❸ 次の文の①〜③は{ }内のア，イからあてはまるものを1つずつ選び，記号で答えなさい。また，④，⑤にあてはまることばを答えなさい。

上空にいくほど気圧は①{**ア** 高く **イ** 低く}なるので，空気のかたまりは，上昇すると②{**ア** 膨張 **イ** 圧縮}する。このとき，空気の温度は③{**ア** 上がる **イ** 下がる}。空気の温度が ④ 以下になると，水蒸気は ⑤ に変わって，雲ができる。

① ② ③

④ ⑤

42 気団と前線

寒冷前線・温暖前線・停滞前線・閉塞前線

冷たい空気とあたたかい空気はそれぞれかたまりになっていて，その境界面と地表が接する線を前線というよ。「前線」がわかると，天気がどう変わっていくか予想できるようになるよ。予定を立てるときに便利だね。

1 冷たい空気とあたたかい空気がぶつかったところに前線！

これが大事！

気団…**性質がほぼ一様**で，大規模な大気のかたまり。すぐには混じり合わず，間に境界面ができる。

前線…寒気と暖気が接するところにできる境界面を**前線面**といい，この面と**地表が接している線**を前線という。

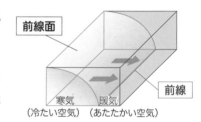

前線面

前線

寒気（冷たい空気）　暖気（あたたかい空気）

2 前線は4種類！

これが大事！ **前線の種類**

前線	記号	でき方	
寒冷前線	▼▼▼	積乱雲／寒気→／暖気／前線	寒気が暖気をおし上げながら進む。**激しい雨を短時間降らせる積乱雲**ができる。
温暖前線	●●●	乱層雲／暖気／寒気／前線	暖気が寒気の上にはい上がるように進む。**広い範囲に弱い雨を長時間降らせる乱層雲**などができる。
停滞前線	●▼●▼		寒気と暖気の勢力がほぼ同じで，前線がほとんど動かない。
閉塞前線	▲●▲●		寒冷前線が温暖前線に追いついたときにできる。地表は**寒気におおわれる**。

●前線：寒気と暖気が接する→できた**前線面が地表と接する線**

●寒冷前線→寒気が暖気をおし上げる，**積乱雲**ができる
　温暖前線→暖気が寒気の上にはい上がる，**乱層雲**などができる

練習問題 →解答は別冊 p.15

1 次の文の ____ にあてはまることばを書きなさい。

(1) 性質がほぼ一様で, 大規模な大気のかたまりを ____ という。

(2) 寒気と暖気が接するところにできる境界面を① ____ といい,
この面と地表が接している線を② ____ という。

(3) ____ 前線付近では, 寒気が暖気をおし上げながら進む。

(4) 寒冷前線付近には, 激しい雨を短時間降らせる ____ ができる。

(5) ____ 前線付近では, 暖気が寒気の上にはい上がるように進む。

(6) 温暖前線付近には, ① ____ 範囲に弱い雨を長時間降らせる
② ____ などができる。

(7) 寒気と暖気の勢力がほぼ同じときは, ____ 前線ができる。

(8) ____ 前線は, 寒冷前線が温暖前線に追いついたときにできる。

2 図1, 図2は前線のようすを表したものである。

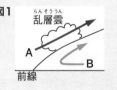
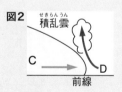

(1) 図1, 図2はそれぞれ何前線を表したものか。

図1 ____ 図2 ____

(2) 寒気はA〜Dのどれか。すべて選びなさい。

____

窓を開けて深呼吸しよう!

43 前線の通過と天気の変化
寒冷前線・温暖前線と天気の変化

なぜ学ぶの?

前線の通過によってどのように天気が変化していくのか学ぶよ。
これがわかると, 天気予報の解説がよくわかるようになるよ。

1 寒冷前線の通過と温暖前線の通過では天気の変化がちがう!

前線の通過と天気の変化

雨の降る範囲

寒冷前線

寒気　低　寒気

低気圧の進行方向

温暖前線

①暖気

②

巻層雲　巻積雲　巻雲（すじ雲）

高層雲（おぼろ雲）　高積雲

積乱雲

乱層雲

積雲

寒気　層積雲　暖気①　②　寒気

西　　　　東

寒冷前線　　温暖前線

これが大事!

①では現在は**晴れている**。
↓
寒冷前線が通過する。
↓
急に激しい雨が降り, 風向が**北寄り**に変化し, 気温が**下がる**。

これが大事!

②では現在は**弱い雨が降っている**
↓
温暖前線が通過する。
↓
雨が止み, 風向が**南寄り**に変化し, 気温が**上がる**。

● **温帯低気圧**…**中緯度帯で発生する**低気圧。
寒冷前線と温暖前線をともなう。日本付近を**西から東へ**移動する。

● **偏西風**…日本付近の上空を**西から東へ**ふく, 地球を1周する強い**西寄り**の風。

温帯低気圧は, 偏西風の影響で移動するんだね。

ゼッタイ! これだけ

● 寒冷前線の通過:**激しい雨**, 風向→**北寄り**, 気温→**下がる**
● 温暖前線の通過:**弱い雨**, 風向→**南寄り**, 気温→**上がる**

練習問題 →解答は別冊 p.15

① 次の文の ____ にあてはまることばを書きなさい。

(1) 寒冷前線が通過すると, 急に① ____ 雨が降り, 風向が

② ____ 寄りになり, 気温が③ ____ 。

(2) 温暖前線が通過すると, ① ____ 雨が降り, 風向が

② ____ 寄りになり, 気温が③ ____ 。

(3) 中緯度帯で発生し, 前線をともなう低気圧を ____ という。

(4) 温帯低気圧は日本付近を① ____ から② ____ へ移動する。

(5) 日本付近の上空を西から東へふく, 地球を1周する強い西寄りの風を

____ という。

② 右の図は, ある日の午前6時の日本付近の天気図である。

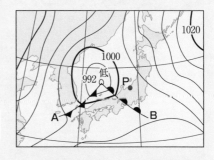

(1) 低気圧の中心付近からのびるA, Bの前線をそれぞれ何というか。

A ____   B ____

(2) P地点は, 午前6時には晴れていた。今後, P地点の天気はどのように変化するか。次の**ア〜エ**を天気の変化の順に並べなさい。

ア 長い時間弱い雨が降る。
イ 雨がやみ, 気温が下がる。   ____ → ____ → ____
ウ 雨がやみ, 気温が上がる。
エ 短時間に激しい雨が降る。

明日は
晴れるかなあ？

44 大気の動き

海陸風・季節風

なぜ学ぶの？

日本では，冬は北のほうから冷たい風がふいてくるけれど，夏は南のほうからあたたかい風がふいてくるよ。季節によって風の向きが変わる理由に目を向け，季節のちがいや変わり目を感じよう。

1 海岸地方では昼は海風，夜は陸風がふく！

●陸（岩石）は海（水）よりも**あたたまりやすく，冷めやすい。**

└──あたためられると上昇気流ができて，空気が流れこむ（風がふく）。

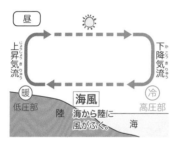

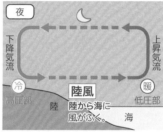

昼と夜で逆向きの風がふくよ。

2 冬は大陸から，夏は海洋から季節風がふく！

これが大事！

●冬は，**大陸の気温のほうが低くなり，**大陸から北西の風がふく。
●夏は，**海洋の気温のほうが低くなり，**海洋から北東の風がふく。

大陸上の気温が海洋上より低くなる。
➡大陸上に高気圧ができ，風がふき出す。
➡大陸上から海洋上へ向かって風がふく。

大陸上の気温が海洋上より高くなる。
➡海洋上に高気圧ができ，風がふき出す。
➡海洋上から大陸上へ向かって風がふく。

ゼッタイ！これだけ

●海風＝昼，海→陸へふく風，陸風＝夜，陸→海へふく風
●冬の季節風→北西の風，夏の季節風→南東の風

練習問題 →解答は別冊 p.15

❶ 次の文の ＿＿＿＿＿ にあてはまることばを書きなさい。

(1) 陸は海よりもあたたまり① ＿＿＿＿＿＿ ，冷め② ＿＿＿＿＿＿ 。

(2) 海岸地方では，昼は，陸上の気温が海上より① ＿＿＿＿＿＿ なり，陸上に② ＿＿＿＿＿＿ 気流が生じ，気圧が③ ＿＿＿＿＿＿ なることで海風（うみかぜ）がふく。

(3) 海岸地方では，夜は，陸上の気温が海上より① ＿＿＿＿＿＿ なり，陸上に② ＿＿＿＿＿＿ 気流が生じ，気圧が③ ＿＿＿＿＿＿ なることで陸風（りくかぜ）がふく。

(4) 冬になると，大陸上は海洋上よりも気温が① ＿＿＿＿＿＿ なり，② ＿＿＿＿＿＿ 上に高気圧（こうきあつ）ができて，そこから冷たい空気がふき出し，日本付近では③ ＿＿＿＿＿＿ の季節風（きせつふう）になる。

(5) 夏になると，大陸上は海洋上よりも気温が① ＿＿＿＿＿＿ なり，② ＿＿＿＿＿＿ 上に高気圧ができて，そこからあたたかい風がふき出し，日本付近では③ ＿＿＿＿＿＿ の季節風になる。

❷ 右の図は，昼の陸と海のようすを表したものである。

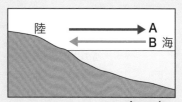

(1) 昼，気温が高くなっているのは，陸上，海上のどちらか。 ＿＿＿＿＿＿

(2) 風がふく向きは，A，B のどちらか。 ＿＿＿＿＿＿

海に行きたいなあ〜

45 日本の天気
日本の四季の天気

なぜ学ぶの?

日本には四季があり，1年を通して気温や天気が大きく変化しているね。
日本の季節の天気には日本付近の気団[p.102]が大きな影響をあたえているんだ。
この関係がわかると，季節ごとの日本各地の天気がわかるよ。

1 季節によって発生する気団が決まっている！

シベリア高気圧によってつくられ，冷たく乾燥している。
➡冬にできる。

オホーツク海高気圧によってつくられ，冷たく湿っている。
➡初夏，初秋にできる。

太平洋高気圧によってつくられ，あたたかく湿っている。
➡夏にできる。

2 天気図の気圧配置で季節を見分ける！

これが大事!

季節に代表的な天気図

●冬:西高東低

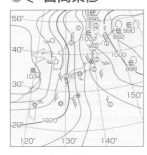

シベリア気団ができる。北西の季節風がふく。
日本海側では雪，太平洋側では晴れの日が続く。

●夏:南高北低

小笠原気団ができる。南東の季節風がふく。

●つゆ:停滞前線

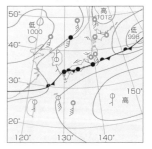

オホーツク海気団と小笠原気団が日本付近でぶつかり合い，停滞前線（梅雨前線）ができる。

ゼッタイ！これだけ

●シベリア気団→冬に生じる，小笠原気団→夏に生じる
●冬の気圧配置:西高東低，夏の気圧配置:南高北低

練習問題 →解答は別冊 p.16

① 次の文の　　　にあてはまることばを書きなさい。

(1) ① [　　　] 気団は② [　　　] 高気圧によってつくられ，冷たく乾燥している。

(2) ① [　　　] 気団は② [　　　] 高気圧によってつくられ，冷たく湿っている。

(3) ① [　　　] 気団は② [　　　] 高気圧によってつくられ，あたたかく湿っている。

(4) 冬の気圧配置は① [　　　] で，② [　　　] の季節風がふく。

(5) 夏の気圧配置は① [　　　] で，② [　　　] の季節風がふく。

(6) つゆの時期には，① [　　　] 気団と② [　　　] 気団が日本付近でぶつかり合い，梅雨前線とよばれる停滞前線ができ，ぐずついた日が続く。

② 日本の四季の天気について，次の問いに答えなさい。

(1) 冬と夏に生じる気団の名前を答えなさい。

　　　　冬 [　　　]　　　　　　夏 [　　　]

(2) つゆの時期に見られる停滞前線を何というか。

[　　　]

ついにここまで！！
ボクってえら～い！

これも！プラス　春と秋は天気が周期的に変わる！

春・秋は，偏西風[p.104]の影響で，**低気圧と移動性高気圧が交互に通過し**，天気が4～7日の周期で変わる。

→解答は別冊 p.16

おさらい問題 42 〜 45

① 右の図は，ある日の日本付近における低気圧と前線のようすを示したものである。

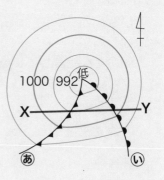

(1) 低気圧の中心からのびる前線あ，いの名前をそれぞれ答えなさい。

あ ☐　　　　い ☐

(2) 図中の**X－Y**で前線を切り，その断面のようすを模式的に示すと，どのようになっているか。**ア〜エ**から1つ選び，記号で答えなさい。

☐

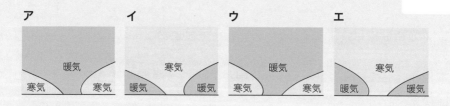

(3) 積乱雲ができやすいのは，あ，いのどちらの前線付近か。記号で答えなさい。

☐

② 右の図は，晴れた日の昼の海岸付近のようすを表したものである。

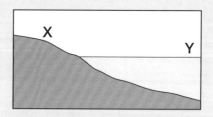

(1) 気温が高くなっているのは，**X・Y**のどちらの地点か。

☐

(2) 上昇気流が生じるのは，**X・Y**のどちらの地点か。

☐

(3) 風は，**X→Y**，**Y→X**のどちらの向きにふくか。

☐

3 図1は，日本付近にできる気団を表したものである。

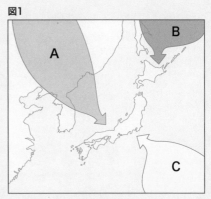
図1

(1) A～Cのうち，日本の**冬**と**夏**の天気に影響をあたえる気団を1つずつ選び，記号で答えなさい。

冬 [　　] 　　夏 [　　]

(2) 2つの気団がぶつかり合うと，ぐずついた天気が続く。この季節はいつか。次の**ア～エ**から1つ選び，記号で答えなさい。

ア 冬　　**イ** 夏　　**ウ** 春・秋　　**エ** つゆ　　[　　]

(3) (2) の2つの気団はどれとどれか。**A～C**から2つ選び，記号で答えなさい。　　[　　]

(4) **図2**は，ある季節の日本付近の天気図である。**図2**のような気圧配置を何というか。　　[　　]

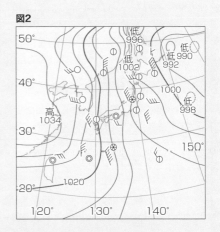
図2

(5) **図2**の季節はいつか。(2) の**ア～エ**から1つ選び，記号で答えなさい。　　[　　]

(6) 次の文は，**図2**の季節の天気の特徴を説明したものである。[　　]にあてはまることばをそれぞれ書きなさい。

① [　　] 側では雪，② [　　] 側では晴れの日が続く。

① [　　]　　　　② [　　]

スタッフ

執筆協力	稲葉雅彦
編集協力	下村良枝
校正	平松元子，田中麻衣子，山﨑真理
本文デザイン	株式会社 TwoThree
カバーデザイン	及川真咲デザイン事務所（内津剛）
イラスト	福田真知子（熊アート）　有限会社 熊アート
写真協力	アーテファクトリー
組版	株式会社 インコムジャパン

とってもやさしい
中2理科

これさえあれば

授業がわかる

改訂版

解答と
解説

旺文社

1章
物質の成り立ち

1 加熱による分解

→ 本冊 7ページ

❶ (1) 化学変化（化学反応）　(2) 分解

❷ (1)(例) 白くにごる。
(2)(例) 発生した水が加熱部分に流れこ
むのを防ぐため。
(3) 赤色（桃色）
(4)①炭酸ナトリウム　②二酸化炭素
③水

解説

❷ (1) 二酸化炭素が発生するので，石灰水が白く
にごります。
(2) 加熱部分に水が流れこむと，急に冷やさ
れて試験管が割れるおそれがあります。
(3) 水が生じるので，青色の塩化コバルト紙
が赤（桃）色に変わります。

2 電流による分解

→ 本冊 9ページ

❶ (1) 電気分解　(2)①水素　②酸素

❷ (1) 電流
(2) 電極A 陰極　電極B 陽極
(3) B

解説

❷ (2) 電源装置の＋極と接続された電極が陽極，
－極と接続された電極が陰極です。
(3) 水を電気分解すると，陰極から水素，陽極
から酸素が発生します。火のついた線香
を入れると，線香が炎をあげて燃えるのは，
酸素の性質です。

2章
物質の表し方

3 物質をつくっているもの

→ 本冊 11ページ

❶ (1) 原子　(2) できない　(3) しない
(4) 種類　(5) 元素記号

❷ (1)①H　②O　③C　④N
⑤Ag　⑥Cu　⑦Al　⑧Na
(2)①硫黄　②水素　③塩素　④鉄
⑤マグネシウム

解説

❷元素記号は，アルファベット1文字のときは大
文字，2文字のときは1文字目は大文字，2文字目
は小文字で書きます。ここに出てくる元素記号はよ
く使われるものばかりなので，しっかりと覚えてお
きましょう。

4 原子が結びついてできる粒子

→ 本冊 13ページ

❶ (1) 分子　(2) 分子
(3)(例) らない　(4) 化学式

❷ (1)① O_2 ② Fe ③ H_2O ④ H_2
⑤ Ag ⑥ NH_3 ⑦ Ag_2O
⑧ $NaCl$ ⑨ $CuCl_2$ ⑩ $NaHCO_3$
(2)①窒素　②二酸化炭素　③塩素
④塩化銅

解説

❷化学式は，元素記号と原子の数で表します。原
子の数が2個以上のときは，元素記号の右下に数
字を小さく書きます。1個のときは省略します。
金属などは分子をつくらないので，その元素記号
で表します。
酸化銀や塩化ナトリウムなども分子をつくらないの
で，構成する原子の元素記号と数の比で表します。
たとえば，酸化銀は，銀（Ag）と酸素（O）の数の
比が2：1なので，化学式は Ag_2O です。

おさらい問題 1〜4

→ 本冊14ページ

❶ (1) 赤色 (桃色)　(2) 水　(3) H_2O
　(4)(例) 白くにごる。　(5) 二酸化炭素
　(6) CO_2　(7) 炭酸ナトリウム
　(8) 分解

解説

❶ (1)(2) 水は，青色の塩化コバルト紙の色を赤
　　色 (桃色) に変えます。
　(3) 水分子は，水素原子2個と酸素原子1個
　　が結びついています。
　(4)(5) 二酸化炭素は，石灰水を白くにごらせ
　　ます。
　(6) 二酸化炭素分子は，炭素原子1個に酸素
　　原子2個が結びついています。
　(7) 炭酸ナトリウムは炭酸水素ナトリウムより
　　水にとけやすく，水溶液は強いアルカリ性
　　を示します。

❷ (1) 電極b
　(2) A H_2　B O_2
　(3) A ア　B ウ

解説

❷ (1) 電源装置の−極と接続している電極aは陰
　　極，＋極と接続している電極bは陽極です。
　(2) 水を電気分解すると，陰極からは水素
　　(H_2)，陽極からは酸素 (O_2) が発生します。

❸ (1) A H_2　B O_2　C H_2O　D CO_2
　(2) A 水素　B 酸素
　　　C 水　D 二酸化炭素
　(3) 分子

解説

❸ (1) 元素記号は，水素原子はH，酸素原子はO，
　　炭素原子はCです。
　(2) Aは水素原子が2個結びついているので水
　　素分子，Bは酸素原子が2個結びついてい
　　るので酸素分子，Cは水素原子2個と酸素
　　原子1個が結びついているので水分子，D
　　は炭素原子1個と酸素原子2個が結びつ
　　いているので二酸化炭素分子です。

物質編

3章
さまざまな化学変化

5 化学反応式のつくり方

→ 本冊17ページ

❶ (1) 化学反応式
　(2) ①化学変化前　②化学変化後
　(3) 等しく (同じに)

❷ (1) ①・②水素・酸素
　(2) ①$H_2O \longrightarrow H_2 + O_2$　②1　③2
　(3) ①$2H_2O$　④4　③2　④$2H_2$
　(4) $2H_2O \longrightarrow 2H_2 + O_2$

解説

❷ (2) 水はH_2O，水素はH_2，酸素はO_2です。
　　文字の式を化学式にすると，
　　　$H_2O \longrightarrow H_2 + O_2$
　(3) 左辺は酸素原子が1個，右辺は酸素原子
　　が2個より，左辺のH_2Oを$2H_2O$とします。
　　　$2H_2O \longrightarrow H_2 + O_2$
　　左辺は水素原子が4個，右辺は水素原子
　　が2個なので，右辺のH_2を$2H_2$にします。

6 物質どうしが結びつく化学変化

→ 本冊19ページ

❶ (1) られる
　(2) ①硫化鉄　②られない
　(3) ない　(4) ある　(5) 酸化
　(6) 酸化物　(7) 燃焼

❷ (1) A　(2) A 水素　B 硫化水素

解説

❷ (1) 試験管Bでは，鉄と硫黄が結びついて硫化
　　鉄に変化しています。硫化鉄は鉄の性質を
　　もたないので，磁石に引きつけられません。
　(2) 水素はにおいがありませんが，硫化水素は
　　たまごのくさったようなにおい (腐卵臭)
　　があります。

7 酸化物から酸素をとる化学変化

→ 本冊21ページ

❶ (1) 還元　(2) 同時
　　(3) ①銅　②二酸化炭素

❷ (1) (例) 黒色が赤色になる。
　　(2) 銅　(3) 還元　(4) 二酸化炭素
　　(5) (例) 石灰水の逆流を防ぐため。

解説
❷ (1) 黒色の酸化銅が赤色の銅になります。
　　(4) 炭素は酸化されて二酸化炭素になります。
　　(5) 逆流した石灰水が加熱している部分に流
　　　れると, 試験管が割れるおそれがあります。

8 化学変化と熱の出入り

→ 本冊23ページ

❶ (1) 発熱　(2) 吸熱
　　(3) ①酸化鉄　②発熱
　　(4) ①熱　②吸熱

❷ (1) A 食塩水　B 活性炭　(2) 酸素
　　(3) 発熱反応

解説
❷ (1) 食塩水 (液体A) は鉄の酸化を促進し, 活
　　　性炭 (固体B) は酸素を吸着させます。
　　(2) 鉄は, 空気中の酸素と結びつきます。
　　(3) まわりの温度が上がるので, 発熱反応です。

物質編

4章
化学変化と物質の質量

9 化学変化の前後での物質の質量

→ 本冊25ページ

❶ (1) ①変化しない　②質量保存
　　(2) ①変わる　②変わらない

❷ (1) 二酸化炭素　(2) ウ　(3) ア

解説
❷ (1) 炭酸水素ナトリウムにうすい塩酸を加える
　　　と, 塩化ナトリウム, 二酸化炭素, 水がで
　　　きます。
　　(2) 密閉されていると質量保存の法則が成り
　　　立つので, 混ぜ合わせる前とあとで, 容器
　　　全体の質量は変わりません。
　　(3) ふたをあけると, 発生した二酸化炭素が出
　　　ていき, 容器全体の質量が小さくなります。

10 物質が結びつくときの質量の割合

→ 本冊27ページ

❶ (1) ①酸化物　②金属　(2) 比例

❷ (1) 2.5g　(2) 0.5g　(3) 4:1

解説
❷ (2) 結びついた酸素の質量 〔g〕
　　　＝酸化銅の質量 〔g〕－銅の質量 〔g〕より,
　　　2.5g－2.0g＝0.5g
　　(3) 銅の質量 〔g〕:結びついた酸素の質量 〔g〕
　　　＝2.0g:0.5g＝4:1

おさらい問題 5 ～ 10

→ 本冊28ページ

❶ (1) ア　(2) A　(3) B

解説
❶ (1) 鉄と硫黄が結びつく化学変化は発熱反応。
　　(2) Aでは, 混合物の中の鉄が磁石に引きつけ
　　　られます。
　　(3) Aでは, においのない水素, Bでは, たまご
　　　のくさったようなにおいがある硫化水素が
　　　発生します。

❷ (1) $2Ag_2O \longrightarrow 4Ag + O_2$
　　(2) $2CuO + C \longrightarrow 2Cu + CO_2$

解説
❷ (1) 文字の式は, 酸化銀 → 銀＋酸素
　　　化学式にすると, $Ag_2O \longrightarrow Ag + O_2$
　　　酸素原子の数をそろえると,
　　　　　$2Ag_2O \longrightarrow Ag + O_2$
　　　銀原子の数をそろえると,
　　　　　$2Ag_2O \longrightarrow 4Ag + O_2$
　　(2) 文字の式は,
　　　　　酸化銅＋炭素 → 銅＋二酸化炭素

化学式にすると, $CuO + C \longrightarrow Cu + CO_2$
酸素原子の数をそろえると,

$$2CuO + C \longrightarrow Cu + CO_2$$

銅原子の数をそろえると,

$$2CuO + C \longrightarrow 2Cu + CO_2$$

❸ (1)(例) 白くにごる。
(2)(例) 試験管の中に空気が入り, 還元された銅が再び酸化されないようにするため。
(3) 酸化された物質 炭素
　　 還元された物質 酸化銅

解説
❸ (3) 炭素は酸素と結びつき (酸化), 酸化銅は酸素を失います (還元)。

❹ (1)(例) 赤色が黒色になる。
(2) 酸化銅　(3) ①4:5　②4:1

解説
❹ (1)(2) 赤色の銅が黒色の酸化銅になります。
(3) 図2から, 2.0gの銅から2.5gの酸化銅が生じることがわかります。よって,
銅：酸化銅＝2.0g：2.5g＝4：5
結びついた酸素の質量〔g〕＝酸化銅の質量〔g〕－銅の質量〔g〕より, 結びついた酸素の質量は, 2.5g－2.0g＝0.5g
銅：結びついた酸素＝2.0g：0.5g＝4：1

生命編

1章
生物と細胞

11 目に見えないものを見よう

→ 本冊31ページ

❶ (1) ①接眼　②対物　(2) 反射鏡
(3) 近づける　(4) 離し
(5) ①レボルバー　②対物

❷ (1) A　(2) 400倍

解説
❷ (1) 対物レンズ (A) はレボルバーにとりつけるので, 上がねじになっています。接眼レンズ (B) は目を近づけるので, 上が平らになっています。
(2) 対物レンズの倍率は40倍, 接眼レンズの倍率は10倍なので, 拡大倍率＝接眼レンズの倍率×対物レンズの倍率より,
10×40＝400倍

12 細胞のつくり

→ 本冊33ページ

❶ (1) 細胞　(2) 核　(3) 細胞膜
(4) ①・②核・細胞膜　(5) 細胞壁
(6) 葉緑体　(7) 液胞

❷ (1) A 植物細胞　B 動物細胞
(2) a 液胞　b 葉緑体　c 細胞壁
　　 d 細胞膜　e 核

解説
❷ (1) 液胞 (a), 葉緑体 (b), 細胞壁 (c) は, 植物細胞だけに見られます。
(2) 液胞 (a) は細胞の活動でできた物質がとけた液が入った袋, 葉緑体 (b) は緑色の粒, 細胞壁 (c) は細胞膜の外側の部分, 細胞膜 (d) は細胞質のいちばん外側, 核 (e) はふつう1つの細胞に1個だけです。

13 生物のからだと細胞

→ 本冊35ページ

❶ (1) 単細胞　(2) 多細胞　(3) 単細胞
(4) 組織　(5) 器官　(6) 個体

❷ (1) A ミカヅキモ　B ミジンコ
　　 C アメーバ
(2) 単細胞生物 A, C (順不同)
　　 多細胞生物 B

解説
❷ (2) ミジンコは節足動物の中の甲殻類なので, 多細胞生物です。

5

2章
植物のからだのつくりとはたらき

14 栄養分をつくる①

→ 本冊 37ページ

❶ (1) ①光　②光合成
　　(2) 青紫　(3) 葉緑体

❷ (1) ふ　(2) B
　　(3) ①葉緑体　②光

解説

❷ (1) ふの部分には葉緑体がありません。
　　(2) ヨウ素溶液は, デンプンがあると青紫色に変わります。
　　(3) AとBのちがいは葉緑体, BとCのちがいは光です。

15 栄養分をつくる②

→ 本冊 39ページ

❶ (1) ①葉緑体　②デンプン　③酸素
　　(2) やすい

❷ (1) B
　　(2)(例) 二酸化炭素が光合成に使われたから。

解説

❷ (1)(2) 息をふきこんでいるので, Bはふくまれる二酸化炭素によって石灰水が白くにごります。Aはふくまれる二酸化炭素が光合成に使われたため, 石灰水に変化が見られません。

16 植物と呼吸

→ 本冊 41ページ

❶ (1) 呼吸　(2) 光合成
　　(3) ①光合成　②二酸化炭素　③酸素
　　(4) ①呼吸　②酸素　③二酸化炭素

❷ (1) A　(2) ①呼吸　②二酸化炭素

解説

❷ (1) 空気中にふくまれる二酸化炭素の量は少ないので, Bの石灰水の色はほとんど変わりません。
　　(2) 暗いところでは, 光合成は行われません。よって, 呼吸のみが行われ, 植物は酸素をとり入れて二酸化炭素を出しています。

17 水や栄養分の通り道

→ 本冊 43ページ

❶ (1) 道管　(2) 師管　(3) 維管束
　　(4) ①内側　②外側
　　(5) ①表側　②裏側　(6) 気孔

❷ (1) A
　　(2) 道管b, e（順不同）
　　　　師管a, d（順不同）
　　(3) b, e（順不同）

解説

❷ (1) 茎の維管束は, 双子葉類は輪のように並び, 単子葉類は全体に散らばっています。
　　(2) 茎では, 道管は維管束の内側, 師管は維管束の外側にあります。
　　(3) 根から吸収した水や水にとけた養分が通るのは, 道管です。師管は, 光合成でつくられた栄養分が通ります。

18 吸い上げた水のゆくえ

→ 本冊 45ページ

❶ ①気孔　②水蒸気　③蒸散

❷ (1)(例) 水面からの水の蒸発を防ぐため。
　　(2) ①0.5cm³　②2.1cm³　③0.1cm³
　　(3) 裏側

解説

❷ (1) 水面から水が蒸発すると，蒸散による正確な水の減少量がわからなくなってしまいます。

(2) 葉の表側からの水の減少量は，
A−B＝2.7−2.2＝0.5cm³
葉の裏側からの水の減少量は，
A−C＝2.7−0.6＝2.1cm³
茎からの水の減少量は
B＋C−A＝2.2＋0.6−2.7＝0.1cm³

(3) 気孔の数が多いほど，蒸散がさかんに行われ，水の減少量が多くなります。

おさらい問題 11〜18

➡ 本冊46ページ

❶ (1) 気孔　(2) 裏側
(3) b 道管　c 師管　(4) b

解説

❶ (1) 気孔は，孔辺細胞に囲まれたすきまです。
(3) 葉の表側に道管 (b)，裏側に師管 (c) があります。
(4) 根から吸収した水や水にとけた養分は，道管を通ってからだ全体に運ばれます。

❷ (1) a 師管　b 道管　(2) 維管束
(3) 双子葉類

解説

❷ (1)(2) 茎では，維管束の外側に師管 (a)，内側に道管 (b) があります。
(3) 茎の維管束が輪のように並ぶのは，双子葉類の特徴です。単子葉類の茎の維管束は，全体に散らばっています。

❸ (1) イ　(2) a　(3) 光，葉緑体 (順不同)

解説

❸ (1) 色の変化がよくわかるように，エタノールを使って葉の緑色をぬいておきます。
(2)(3) ふの部分 (b) には葉緑体がないので光合成が行われないため，デンプンがつくられません。アルミニウムはくでおおった部分 (c) は光が当たらないので光合成が行われないため，デンプンがつくられません。

❹ (1) a 気孔　b 孔辺細胞
(2) 昼　(3) 蒸散

解説

❹ (1) 2つの孔辺細胞 (b) に囲まれたすきまが気孔 (a) です。
(2) ふつう，気孔は昼に開き，夜に閉じます。

生命編

3章
動物のからだのつくりとはたらき

19 栄養分をとり入れるはたらき

➡ 本冊49ページ

❶ (1) 消化
(2) ①デンプン　②タンパク質
(3) 毛細血管

❷ (1) 柔毛　(2) a 毛細血管　b リンパ管
(3) ブドウ糖　(4) a

解説

❷ (4) デンプンが消化されてできたブドウ糖やタンパク質が消化されてできたアミノ酸は，毛細血管に入ります。脂肪が分解されてできた脂肪酸とモノグリセリドは，柔毛に吸収されたあと再び脂肪となってリンパ管に入ります。

20 肺のつくりとはたらき

➡ 本冊51ページ

❶ (1) ①気管支　②肺胞　(2) 毛細血管
(3) ①酸素　②二酸化炭素
③細胞呼吸 (細胞による呼吸)

❷ (1) 肺胞　(2) 毛細血管　(3) a
(4) ①表面積　②二酸化炭素

2 (2) 毛細血管は，直径約0.01mmの細い血管です。

(3) 肺胞内の空気中の酸素は，毛細血管を流れる血液にとりこまれて，全身の細胞に運ばれます。

(4) 肺胞の数が多いほど，空気とふれる表面積が大きくなり，酸素と二酸化炭素の交換の効率がよくなります。

21 心臓のつくりと血液の循環

➡ 本冊 53ページ

1 (1) ①心臓　②ポンプ
(2) 拍動　(3) 肺循環　(4) 体循環
(5) ①動脈血　②静脈血

2 (1) A 肺動脈　B 肺静脈
C 大静脈　D 大動脈
(2) 体循環　(3) B, D（順不同）

2 (1) 心臓から送り出された血液が流れる血管が動脈，心臓にもどる血液が流れる血管が静脈です。

(2) 心臓から出た血液が全身に送られ，再び心臓にもどる道すじを体循環といいます。

(3) 酸素を多くふくむ血液を動脈血，二酸化炭素を多くふくむ血液を静脈血といいます。肺静脈（B）と大動脈（D）には動脈血，肺動脈（A）と大静脈（C）には静脈血が流れています。

22 血液の成分

➡ 本冊 55ページ

1 (1) ①赤血球　②ヘモグロビン
(2) 白血球　(3) 血小板　(4) 血しょう
(5) ①血しょう　②組織液

2 (1) A 赤血球　B 血小板
C 白血球　D 血しょう
(2) ①A　②C　③B　④D

2 (1) 赤血球（A）は，中央がくぼんだ円盤形をしていて，核をもちません。血小板（B）は，

小さくて不規則な形をしています。白血球（C）にはいろいろな種類があり，さまざまな形をしています。

(2) ①赤血球にふくまれるヘモグロビンは，酸素の多いところで酸素と結びつき，酸素の少ないところで酸素を離します。
②白血球には，細菌などをとらえて分解し，とり除きます。
④栄養分や二酸化炭素，不要な物質などは，液体成分の血しょうにとけて運ばれます。

23 不要な物質のゆくえ

➡ 本冊 57ページ

1 (1) ①アンモニア　②尿素　(2) 胆汁
(3) 胆のう　(4) ①腎臓　②尿
(5) 塩分

2 (1) A 腎臓　B ぼうこう　(2) 尿
(3) 尿素　(4) 肝臓

2 (2) 尿は，腎臓でつくられ，ぼうこうに一時的にたくわえられます。

(3)(4) 有害なアンモニアは，肝臓で害の少ない尿素に変えられ，腎臓で血液中からこしとられます。

24 刺激を受けとるしくみ

➡ 本冊 59ページ

1 (1) 感覚器官　(2) 感覚細胞
(3) 虹彩　(4) レンズ(水晶体)
(5) 網膜　(6) 視神経　(7) 鼓膜
(8) 耳小骨　(9) うずまき管
(10) 聴神経

2 (1) a 網膜　b 虹彩
c レンズ（水晶体）　d 視神経
(2) a

2 (2) 光の刺激を受けとる感覚神経があるのは，網膜（a）です。光はレンズで屈折し，網膜上に像を結びます。

25 刺激と反応

→ 本冊 61ページ

❶ (1) 中枢　(2) ①感覚　②運動
(3) 反射

❷ (1) 反射　(2) c, d, e

解説

❷ (2) この場合，脊髄（d）から命令の信号が出されます。手を引っこめたあとに，脳に刺激の信号が伝わり，「熱い」と感じます。

おさらい問題 19～25

→ 本冊 62ページ

❶ (1) 柔毛　(2) 消化酵素
(3) ア，エ（順不同）

解説

❶ (2) 小腸の壁にはさまざまな消化酵素があり，食物は小腸を通る間に完全に消化されます。
(3) aは毛細血管，bはリンパ管です。タンパク質が消化されてできたアミノ酸とデンプンが消化されてできたブドウ糖は柔毛に吸収されたあと，毛細血管に入ります。脂肪酸とモノグリセリドは柔毛に吸収されたあと，再び脂肪となってリンパ管に入ります。

❷ (1) ①記号 A，名前 赤血球
②記号 D，名前 血しょう
(2)（例）酸素の多いところで酸素と結びつき，酸素の少ないところで酸素を離す。

解説

❷ (1) Aは赤血球，Bは血小板，Cは白血球，Dは血しょうです。血小板は出血したときに血液を固めるはたらきがあります。また，白血球にはからだの外からの異物や細菌などをとり除くはたらきがあります。

❸ (1) ①肝臓　②腎臓
(2) A アンモニア　B 尿素
(3) ぼうこう　(4) 胆汁

解説

❸ (1)(2) 有害なアンモニアは，肝臓に運ばれ，害の少ない尿素に変えられます。尿素は腎臓に運ばれて，血液中からこしとられて，余分な水や塩分とともに尿になります。
(4) 肝臓のはたらきでつくられた胆汁には消化酵素がふくまれていませんが，脂肪の分解を助けるはたらきがあります。

❹ (1) a けん　b 関節　(2) ウ

解説

❹ (1) 骨と骨のつなぎ目を関節（b）といいます。筋肉の両端はけん（a）になっていて，関節をへだてた2つの骨についています。
(2) 骨についている筋肉は，一方が収縮するときにはもう一方がゆるみます。

エネルギー編

1章
電流の性質

26 回路の表し方

→ 本冊 65ページ

❶ (1) 回路　(2) 回路図
(3) ①直列回路　②並列回路

❷ (1) 回路図
(2) a 電圧計　b 電気抵抗（抵抗）
c 電流計
d 電源（電池，電源装置）
(3) A 直列回路　B 並列回路　(4) A

解説

❷ (1) 回路（電気の通り道）のようすを電気用図記号で表したものを回路図といいます。
(3) 枝分かれのない，1本の道すじでつながっている回路（A）を直列回路，枝分かれした道すじでつながっている回路（B）を並列回路といいます。
(4) 直列回路では，外した豆電球のところで電流の道すじが切れてしまうので，もう一方の

豆電球の明かりが消えてしまいます。

27 回路に流れる電流

➡ 本冊 67ページ

❶ (1) アンペア　(2) 直列
　　(3) ①並列　②和

❷ (1) 並列回路
　　(2) 点a 600mA　点b 300mA
　　　　点c 300mA

解説

❷ (2) 再び合流したあとの電流の大きさは, 枝分かれ前の電流の大きさ (600mA) と等しいので, 点aを流れる電流の大きさは600mAです。また, 枝分かれしたあとの電流の和は, 枝分かれ前の電流の大きさと等しく, 同じ豆電球に流れる電流の大きさは同じなので, 点b, 点cにはそれぞれ600mAの半分の300mAの電流が流れます。

28 回路に加わる電圧

➡ 本冊 69ページ

❶ (1) ボルト　(2) 直列　(3) 並列

❷ (1) 直列回路
　　(2) ab間 3V　bc間 3V
　　　　ac間 6V

解説

❷ (1) 図の回路は枝分かれがなく, 1本の道すじでつながっているので, 直列回路です。
　　(2) 直列回路では, 各区間に加わる電圧の大きさの和は, 電源の電圧と等しく, 同じ豆電球には同じ大きさの電圧 (3V) が加わるので, ac間に加わる電圧は3Vの2倍の6Vになります。

29 電流と電圧の関係

➡ 本冊 71ページ

❶ (1) ①比例　②オーム
　　(2) ①電気抵抗 (抵抗)　②オーム
　　(3) 1Ω

❷ (1) 比例 (関係)　(2) 0.4A
　　(3) 20Ω　(4) 0.6A

解説

❷ (1) グラフが原点を通る直線になっているので, 比例の関係を表しています。
　　(3) オームの法則,
　　　　電圧〔V〕＝抵抗〔Ω〕×電流〔A〕より,
　　　　抵抗〔Ω〕＝$\dfrac{電圧〔V〕}{電流〔A〕}$となるので, 8Vの電圧を加えたときに0.4Aの電流が流れる電熱線の抵抗の大きさは,
　　　　$\dfrac{8V}{0.4A}＝20Ω$
　　(4) 電流〔A〕＝$\dfrac{電圧〔V〕}{抵抗〔Ω〕}$より, 20Ωの電熱線の両端に12Vの電圧を加えたときに流れる電流の大きさは,
　　　　$\dfrac{12V}{20Ω}＝0.6A$

30 直列回路・並列回路の抵抗

➡ 本冊 73ページ

❶ (1) 和　(2) 小さく

❷ (1) ① R_1 20Ω　R_2 30Ω　②50Ω
　　(2) ① I_1 0.15A　I_2 0.1A　②12Ω

解説

❷ (1) ①直列回路の電流の大きさはどこでも同じです。1.2Vの電圧が加わっているR_1には0.06Aの電流が流れるので,
　　　　抵抗〔Ω〕＝$\dfrac{電圧〔V〕}{電流〔A〕}$より, R_1の抵抗の大きさは,
　　　　$\dfrac{1.2V}{0.06A}＝20Ω$
　　　　R_2の両端に加わる電圧は, 3.0V－1.2V＝1.8Vより, R_2の抵抗の大きさは,
　　　　$\dfrac{1.8V}{0.06A}＝30Ω$
　　　　②直列回路の全体の抵抗の大きさは各電熱線の抵抗の大きさの和になるので,
　　　　$R_1＋R_2＝20Ω＋30Ω＝50Ω$
　　(2) ①並列回路では, 各区間の電圧の大きさは電源の電圧の大きさに等しいので, R_1,

R_2の両端には，それぞれ3.0Vの電圧が加わっています。

電流〔A〕＝$\dfrac{電圧〔V〕}{抵抗〔Ω〕}$より，20ΩのR_1に流れる電流の大きさは，

$\dfrac{3.0V}{20Ω}$＝0.15A

30ΩのR_2に流れる電流の大きさは，

$\dfrac{3.0V}{30Ω}$＝0.1A

②全体の抵抗をR〔Ω〕とすると，

$\dfrac{1}{R}＝\dfrac{1}{R_1}+\dfrac{1}{R_2}$

よって，

$\dfrac{1}{R}＝\dfrac{1}{20}+\dfrac{1}{30}＝\dfrac{5}{60}＝\dfrac{1}{12}$　R＝12Ω

(別解)

並列回路では，枝分かれ前の電流の大きさは，枝分かれ後の電流の大きさの和なので，枝分かれ前の電流の大きさは，

0.15A＋0.1A＝0.25A

よって，全体の抵抗の大きさは，

$\dfrac{3.0V}{0.25A}$＝12Ω

31 電流のはたらきを表す量

→ 本冊 75ページ

❶ (1) ①電力　②ワット
(2) ①・②電圧〔V〕・電流〔A〕
(3) 電力量
(4) ①・②電力〔W〕・時間〔s〕

❷ (1) A 200W　B 700W　C 1200W
(2) A 120000J　B 420000J
　　C 720000J

解説

❷ (1) 電力〔W〕＝電圧〔V〕×電流〔A〕より，
A 100V×2A＝200W
B 100V×7A＝700W
C 100V×12A＝1200W
(2) 電力量〔J〕＝電力〔W〕×時間〔s〕より，
A 200W×10×60s＝120000J
B 700W×10×60s＝420000J

C 1200W×10×60s＝720000J

32 電流による発熱

→ 本冊 77ページ

❶ (1) ①熱量　②ジュール　(2) 1
(3) ①比例　②比例
(4) ①・②電力〔W〕・時間〔s〕

❷ (1) A 10A　B 12A
(2) A 60000J　B 72000J　(3) B

解説

❷ (1) 電力〔W〕＝電圧〔V〕×電流〔A〕より，
電流〔A〕＝$\dfrac{電力〔W〕}{電圧〔V〕}$となります。
Aの消費電力は1000Wより，100Vの電源につないだときに流れる電流は，

$\dfrac{1000W}{100V}$＝10A

Bの消費電力は1200Wより，100Vの電源につないだときに流れる電流は，

$\dfrac{1200W}{100V}$＝12A

(2) 熱量〔J〕＝電力〔W〕×時間〔s〕より，1分間（＝60s）電流を流したときの熱量は，消費電力が1000WのAは，
1000W×60s＝60000J
消費電力が1200WのBは，
1200W×60s＝72000J

エネルギー編

2章
電流の正体

33 電気の性質

→ 本冊 79ページ

❶ (1) 静電気　(2) ①・② ＋・－
(3) しりぞけ合う　(4) 引き合う

❷ (1) ＋の電気　(2) －の電気

解説

② (1) 下じきと髪の毛は引き合っています。ちがう種類の電気には引き合う力がはたらくので，下じきが−の電気をもっているとすると，髪の毛は＋の電気をもっています。

(2) さいたひもどうしはしりぞけ合っています。同じ種類の電気にはしりぞけ合う力がはたらくので，１本のひもが−の電気がもっているとすると，ほかのひももすべて−の電気をもっています。

34 電流の正体，放射線

→ 本冊81ページ

❶ (1) 放電
(2) ①誘導コイル　②−
③電子線（陰極線）
(3) ①電子　②−　(4) ＋

❷ (1) Ａ −極　Ｂ ＋極
(2) 電子線（陰極線）

解説

② (1) 電子線（陰極線）は，−の電気をもった電子の流れで，−極から出て＋極へ向かって流れます。

おさらい問題 26 ～ 34

→ 本冊82ページ

❶ (1) 比例（関係）　(2) オームの法則
(3) 電熱線a 0.2A，電熱線b 0.3A
(4) 電熱線a 3V　電熱線b 2V
(5) a

解説

❶ (1) グラフが原点を通る直線になるので，比例の関係を表しています。

(3)(4) 下の図のように，グラフから読みとります。

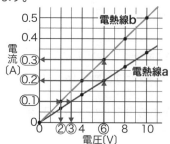

❷ (1) 30V　(2) 0.4A　(3) 5Ω

解説

② (1) 電圧〔V〕＝抵抗〔Ω〕×電流〔A〕より，
20Ω×1.5A＝30V

(2) 電流〔A〕＝$\dfrac{\text{電圧〔V〕}}{\text{抵抗〔Ω〕}}$より，

$\dfrac{20V}{50Ω}$＝0.4A

(3) 抵抗〔Ω〕＝$\dfrac{\text{電圧〔V〕}}{\text{電流〔A〕}}$より，

$\dfrac{15V}{3A}$＝5Ω

❸ (1)①1000Wh　②80Wh
(2) 70kWh　(3) 54J

解説

❸ (1) 電力量〔Wh〕＝電力〔W〕×時間〔h〕より，
①100W×10h＝1000Wh
②10W×8h＝80Wh

(2) エアコンを使った時間は，
5h×2×7＝70h
1kWh＝1000Whより，
1000W×70h＝70000Wh＝70kWh

(3) 電熱線を流れる電流の大きさは，

$\dfrac{6V}{20Ω}$＝0.3A

電熱線が消費する電力は，
6V×0.3A＝1.8W
電力量〔J〕＝電力〔W〕×時間〔s〕より，
1.8W×30s＝54J

❹ (1) Ａ　(2) Ｂ→Ａ
(3)（例）電子線は−の電気をもった電子の流れであるから。

解説

❹ (1) −の電気をもった電子の流れである電子線は，−極（電極Ａ）から出ます。

(2) 電子が移動する向きは−極（Ａ）→＋極（Ｂ）ですが，電流は＋極（Ｂ）→−極（Ａ）の向きに流れると決められています。

(3) ちがう種類の電気は引き合うので，−の電気をもった電子は＋極のほうに引きつけられます。

3章
電流と磁界

35 電流がつくる磁界

➡ 本冊 85ページ

❶ (1) 磁力　(2) 磁界　(3) N極
　　(4) ①磁力線　②強い
　　(5) ①電流　②磁界
　　(6) ①右手　②磁界

❷ (1) 磁力線　(2) 磁界の向き

解説

❷ (1) 磁界のようすを表した線を磁力線といい，
　　磁力線の間隔がせまいほど，磁界が強くな
　　ります。

36 モーターのしくみ

➡ 本冊 87ページ

❶ (1) 電流　(2) 逆（反対）
　　(3) ①逆（反対）　②逆（反対）
　　(4) 大きく　(5) モーター

❷ (1) a　(2) 逆（反対）になる。
　　(3) 逆（反対）になる。

解説

❷ (1) 電流は，電源装置の＋極から出てコイルな
　　どを通り，電源装置の－極に入ります。
　　(2) 電流の向きが逆になると，電流が磁界から
　　受ける力も逆向きになります。
　　(3) 磁石のN極とS極を入れかえると，磁界の
　　向きが逆になり，電流が磁界から受ける力
　　も逆向きになります。

37 発電機のしくみ

➡ 本冊 89ページ

❶ (1) 電磁誘導　(2) 誘導電流

❷ (1) 電磁誘導　(2) 図2 b，図3 a

解説

❷ (2) 図2のように，棒磁石を動かす向きを逆に
　　すると，生じる誘導電流の向きも逆向きに
　　なります。図3のように，棒磁石の極と動
　　かす向きの両方を逆にすると，誘導電流の
　　向きは同じになります。

おさらい問題 35 〜 37

➡ 本冊 90ページ

❶ a ウ　b エ　c ウ

解説

❶ コイルの内部には，C→Aの向きに磁界ができ
ます。また，コイルの外では，A→B→Cの向きに
磁界ができます。方位磁針のN極がさす向きが磁
界の向きになります。

❷ (1) c　(2) c　(3) ア，ウ（順不同）

解説

❷ (1) 電流の向きを逆にすると，電流が磁界から
　　受ける力の向きも逆向きになるので，コイ
　　ルは逆向きに動きます。
　　(2) U字形磁石をS極が上になるように置くと，
　　磁界の向きが逆向きになるので，電流が磁
　　界から受ける力の向きも逆向きになり，コ
　　イルは逆向きに動きます。

❸ (1) 現象 電磁誘導，電流 誘導電流
　　(2) ①イ　②ウ　③イ　④ア
　　(3) ア，エ，カ（順不同）

解説

❸ (2) ①棒磁石を動かす向きを逆にすると，誘導
　　電流も逆向きに流れます。
　　②コイルの磁界が変化しないので，誘導電
　　流は生じません。
　　③棒磁石の極を逆にすると，誘導電流も
　　逆向きに流れます。
　　④棒磁石の極と動かす向きの両方を逆に
　　すると，誘導電流は同じ向きに流れます。

1章
気象観測と雲のでき方

38 大気による圧力

→ 本冊93ページ

❶ (1) ①圧力　②パスカル
　　　③ニュートン毎平方メートル
　(2) 1　(3) ①大きさ〔N〕　②面積〔m²〕
　(4) 大気圧（気圧）　(5) ヘクトパスカル

❷ (1) 4N　(2) B
　(3) 5000〔Pa〕, 5000〔N/m²〕

解説
❷ (1) 100gの物体にはたらく重力の大きさが1
　　　Nなので, 4倍の400gの物体にはたらく
　　　重力の大きさは, 1N×4＝4N
　(2) 面積が小さいほど, 圧力が大きくなり, ス
　　　ポンジが大きくへこみます。
　(3) Bの面の面積は,
　　　2cm×4cm＝8cm²＝0.0008m²

$$圧力〔Pa〕＝\frac{力の大きさ〔N〕}{力がはたらく面積〔m²〕}より,$$

$$\frac{4N}{0.0008m²}＝5000N/m²＝5000Pa$$

39 気圧と風

→ 本冊95ページ

❶ (1) ①快晴　②晴れ　③くもり
　(2) ①快晴　②晴れ　③くもり　④雨
　(3) ①高気圧　②下降気流
　(4) ①低気圧　②上昇気流

❷ 天気 晴れ　風向 北西　風力 3

解説
❷ 天気は天気記号, 風向は矢ばねの先から天気
　記号に向かう向き, 風力は矢ばねの数で表し
　ます。

40 空気にふくまれる水蒸気の量

→ 本冊97ページ

❶ (1) 飽和水蒸気量　(2) 大きく　(3) 露点
　(4) ①水蒸気量　②飽和水蒸気量

❷ (1) 25℃　(2) 13.6g　(3) 76%

解説
❷ (1) ふくまれる水蒸気量＝飽和水蒸気量とな
　　　るときの温度が露点となります。
　(2) 気温10℃のときの飽和水蒸気量は9.4
　　　g/m³なので, 出てくる水滴の量は,
　　　　23.0－9.4＝13.6g/m³
　(3) グラフから, 30℃の飽和水蒸気量は
　　　30.4g/m³なので, 湿度〔%〕＝空気1m³
　　　中にふくまれる水蒸気量〔g/m³〕÷その温
　　　度での飽和水蒸気量〔g/m³〕×100より,
　　　湿度は,

$$\frac{23.0g/m³}{30.4g/m³}×100＝75.6…より, 76\%$$

41 雲のでき方

→ 本冊99ページ

❶ (1) 上昇
　(2) ①低い　②膨張　③下がる
　(3) 露点

❷ (1) ①膨張　②（例）下がる　(2) 露点

解説
❷ (1) 上空の気圧は低いので, 上昇した空気は
　　　膨張して, 温度が下がります。
　(2) 水蒸気が水滴に変わるときの空気の温度
　　　が露点です。上昇した空気の温度が露点
　　　以下に下がると, 空気中の水蒸気が水滴
　　　に変わり, 雲ができます。

おさらい問題 38〜41

→ 本冊100ページ

❶ (1) 等圧線
　(2) A 1004hPa　B 1016hPa
　(3) P 上昇気流　Q 下降気流
　(4) P ア　Q ウ　(5) P イ　Q ア

解説
❶ (2) 等圧線は4hPaごとに引くので, A地点の

気圧は，1000＋4＝1004hPa，B地点の気圧は，1020−4＝1016hPa

(4) 低気圧（P）のまわりでは反時計回りに風がふきこみ（ア），高気圧（Q）のまわりでは時計回りに風がふき出します（ウ）。

(5) 低気圧の中心付近では上昇気流が生じるので，雲ができやすく，くもりや雨になります。高気圧の中心付近では下降気流が生じるので，雲ができにくく，晴れになります。

❷ (1) ウ　(2) 3.4g　(3) 10℃

解説
❷ (2) 気温5℃のときの飽和水蒸気量は6.8g/m³なので，湿度50％の空気にふくまれる水蒸気量は，
6.8g/m³×0.5＝3.4g/m³

❸ ①イ　②ア　③イ　④露点　⑤水滴

解説
❸次のようなしくみで，雲ができます。
上空にいくほど上にある大気の重さが小さいので，気圧は低くなる→空気のかたまりは膨張する→空気の温度が低くなる→空気の温度が露点以下になる→水蒸気が水滴に変わって，雲ができる

地球編
2章
天気の変化

42　気団と前線

⇒ 本冊 103ページ

❶ (1) 気団　(2) ①前線面　②前線
(3) 寒冷　(4) 積乱雲　(5) 温暖
(6) ①広い　②乱層雲
(7) 停滞　(8) 閉塞

❷ (1) 図1 温暖前線　図2 寒冷前線
(2) B，C（順不同）

解説
❷ (1) 暖気が寒気の上にはい上がるように進むと，

温暖前線ができます。寒気が暖気をおし上げながら進むと，寒冷前線ができます。

(2) 寒気は暖気よりも重いので，暖気の下にあります。

43　前線の通過と天気の変化

⇒ 本冊 105ページ

❶ (1) ①激しい　②北　③下がる
(2) ①弱い　②南　③上がる
(3) 温帯低気圧　(4) ①西　②東
(5) 偏西風

❷ (1) A 寒冷前線　B 温暖前線
(2) ア→ウ→エ→イ

解説
❷ (1) 低気圧の中心から南西方向に寒冷前線（A），南東方向に温暖前線（B）がのびます。

(2) 今後，P地点には温暖前線が通過したあと，寒冷前線が通過します。温暖前線付近には，弱い雨を長時間降らせる（ア）乱層雲などができます。前線通過後は雨がやみ，暖気におおわれるので気温が上がります（ウ）。寒冷前線付近には，激しい雨を短時間降らせる（エ）積乱雲ができます。前線通過後は雨がやみ，寒気におおわれるので気温が下がります（イ）。

地球編
3章
大気の動きと日本の天気

44　大気の動き

⇒ 本冊 107ページ

❶ (1) ①やすく　②やすい
(2) ①高く　②上昇　③低く
(3) ①低く　②下降　③高く
(4) ①低く　②大陸　③北西
(5) ①高く　②海洋　③南東

❷ (1) 陸上　(2) B

❷ (1) 陸（岩石）は海（水）よりもあたたまりやすいので，昼は陸上の気温が高くなっています。

(2) 昼は，気温の高い陸上の大気の密度が小さくなることで上昇気流が生じ，地表の気圧が低くなり，海から陸に向かって海風（B）がふきます。

45 日本の天気

→ 本冊 109ページ

❶ (1) ①シベリア　②シベリア
(2) ①オホーツク海　②オホーツク海
(3) ①小笠原　②太平洋（小笠原）
(4) ①西高東低　②北西
(5) ①南高北低　②南東
(6) ①・②オホーツク海・小笠原

❷ (1) 冬 シベリア気団　夏 小笠原気団
(2) 梅雨前線

解説

❷ (1) 冬にはシベリア高気圧が発達し，シベリア気団がつくられます。夏には太平洋高気圧が発達し，小笠原気団がつくられます。オホーツク海気団は，春や秋に発達するオホーツク海高気圧によってつくられます。

(2) 秋のはじめに見られる停滞前線を，秋雨前線とよびます。

おさらい問題 42～45

→ 本冊 110ページ

❶ (1) ⓐ寒冷前線　ⓘ温暖前線
(2) ウ　(3) ⓐ

解説

❶ (1) 低気圧の中心から，寒冷前線は南西にのび，温暖前線は南東にのびます。

(2) 寒冷前線（ⓐ）付近では，寒気が暖気をおし上げています。また，温暖前線（ⓘ）付近では，暖気が寒気の上にはい上がります。

(3) 温暖前線（ⓘ）付近には乱層雲などができます。

❷ (1) X　(2) X　(3) Y→X

解説

❷ (1) 昼は，あたたまりやすい陸（X）のほうの気温が高くなります。夜は，冷めやすい陸（X）のほうの気温が低くなります。

(2) 陸の空気はあたためられて，密度が小さくなるので軽くなり，上昇気流が生じます。

(3) 上昇気流の生じたX地点のほうがY地点よりも気圧が低くなります。風は，気圧の高いところ→気圧の低いところの向きにふくので，Y→Xの向きにふきます。

❸ (1) 冬 A　夏 C　(2) エ
(3) B，C（順不同）　(4) 西高東低
(5) ア　(6) ①日本海　②太平洋

解説

❸ (1) Aはシベリア気団，Bはオホーツク海気団，Cは小笠原気団です。

(2)(3) 初夏や秋のはじめには，同じくらいの勢力のオホーツク海気団（B）と小笠原気団（C）が日本付近でぶつかり合い，間に停滞前線（梅雨前線，秋雨前線）ができます。

(4)(5) 西に高気圧，東に低気圧がある西高東低の気圧配置は，冬によく見られます。

(6) 冬の季節風は，シベリア気団からふき出したときには乾燥していますが，日本海を通過する間に多量の水蒸気をふくむようになり，日本列島の山脈にぶつかって雲をつくり，日本海側に大雪を降らせます。水蒸気が少なくなった大気は山脈をこえ，冷たく乾燥した風となって太平洋側に達します。